Parveez Ahmad Para
Reyaz Ahmad Lone

Produtos de carne transformados - Guia do estudante

Parveez Ahmad Para
Reyaz Ahmad Lone

Produtos de carne transformados - Guia do estudante

ScienciaScripts

Imprint

Any brand names and product names mentioned in this book are subject to trademark, brand or patent protection and are trademarks or registered trademarks of their respective holders. The use of brand names, product names, common names, trade names, product descriptions etc. even without a particular marking in this work is in no way to be construed to mean that such names may be regarded as unrestricted in respect of trademark and brand protection legislation and could thus be used by anyone.

Cover image: www.ingimage.com

This book is a translation from the original published under ISBN 978-3-330-35010-6.

Publisher:
Sciencia Scripts
is a trademark of
Dodo Books Indian Ocean Ltd. and OmniScriptum S.R.L publishing group

120 High Road, East Finchley, London, N2 9ED, United Kingdom
Str. Armeneasca 28/1, office 1, Chisinau MD-2012, Republic of Moldova, Europe
Printed at: see last page
ISBN: 978-620-7-69861-5

PORMENORES DOS CAPÍTULOS

PREFÁCIO

Os autores sentem-se satisfeitos por publicarem a primeira edição deste livro "Produtos de carne transformados". O processamento de alimentos envolve a conversão de ingredientes crus em formas alimentares mais aceitáveis. A transformação de alimentos está relacionada com as culturas após a colheita, com os produtos animais preparados após o abate de animais e com a conversão destes produtos para agradar aos consumidores em geral, para rentabilizar o mercado e para aumentar o tempo de armazenamento dos produtos transformados acabados. O livro pode ser utilizado como guia pelos estudantes de Ciências da Carne, Tecnologia de Produtos Pecuários, Ciência Alimentar, Tecnologia de Processamento Alimentar e Tecnologia Pós-Colheita, bem como pelos profissionais que trabalham no sector de processamento alimentar em constante expansão. Este livro é dedicado aos estudantes de Tecnologia de Processamento de Alimentos e Tecnologia Pós-Colheita e foi composto exclusivamente para fornecer conhecimentos em primeira mão sobre as questões relacionadas com o desenvolvimento da ciência, educação e tecnologia.

Os autores esperam que este livro sirva o objetivo pretendido.

Dr. PARVEEZ AHMAD PARA
Dr. REYAZ AHMAD LONE

Agradecimentos

"EM NOME DO SENHOR TODO-PODEROSO, O MAIS CLEMENTE, O MAIS BENÉFICO E

O MAIS MISERICORDIOSO"

Gostaríamos de agradecer a ajuda de muitos dos colegas que deram conselhos e leram secções do texto. É um prazer registar a nossa profunda gratidão para com os seguintes senhores: Professor J S Arya, Dr. S Ganguly, Dr. Nisar, Dr. Shujaat, Dr. Sunil Kumar e Dr. Waseem H Raja pelo seu estímulo intelectual, sugestões prudentes e valiosas. Não há palavras para expressar os meus cumprimentos e sinceros agradecimentos à esposa do Dr. Parveez Ahmad Para pela sua preocupação e apreço.

Dr. Parveez Ahmad Para
Dr. Reyaz Ahmad Lone

PRODUTOS TRANSFORMADOS À BASE DE CARNE
Introdução

A carne é a fonte de proteína animal de primeira escolha para muitas pessoas em todo o mundo.

De acordo com o Codex Alimentarius, a carne é definida como "todas as partes de um animal que se destinam ou foram consideradas seguras e adequadas para consumo humano". Do ponto de vista nutricional, a importância da carne deriva das suas proteínas de elevada qualidade, que contêm todos os aminoácidos essenciais, e dos seus minerais e vitaminas altamente biodisponíveis. Ao comer carne, é sempre desejável ter uma peça perfeita desossada com boa forma, cor, textura e suculência. Mas a natureza não produz pedaços de carne tão perfeitos, os ossos e a sua disposição típica no corpo do animal fazem com que os cortes de carne tenham várias formas e tamanhos que nem sempre são apreciados. Esses pedaços de carne que são menos procurados, juntamente com as aparas do processamento da carne, podem ser utilizados para produzir pedaços de carne perfeitos e desossados altamente desejáveis. Estes podem ser cortados em várias formas, de acordo com as necessidades do consumidor. Com elevada segurança microbiana e conveniência, estes produtos servem bem a geração atual, demasiado ocupada e preocupada com a alimentação. Com os avanços no seu processamento e marketing eficiente, estes produtos têm o potencial de mudar a forma como comemos carne.

Nos últimos anos, os consumidores alteraram as suas preferências e atributos relativamente à alimentação e à saúde. Atualmente, os consumidores estão mais conscientes das calorias, gorduras e colesterol do que os consumidores de há vinte anos atrás e querem uma grande variedade de produtos alimentares nutritivos e convenientes. Este facto conduziu a mudanças drásticas nos padrões de produção de carne, tanto a nível nacional como internacional. Devido ao número crescente de mulheres que trabalham, à Internet, à televisão e a outros aparelhos electrónicos, os consumidores não têm tempo suficiente para cozinhar ou querem utilizar o seu tempo para outros fins. Assim, a procura de produtos à base de carne transformada sob uma forma conveniente para o consumidor e posicionada como "rápida e fácil" está a crescer muito rapidamente. A indústria avícola tem sido mais reactiva às mudanças nos estilos de vida dos consumidores do que outras carnes, fornecendo produtos que respondem a preocupações de saúde e conveniência (Resurreccion, 2003). A ênfase no valor acrescentado e no desenvolvimento de produtos de carne inovadores e convenientes é necessária para que o crescimento do consumo de carne seja satisfatório. Para desenvolver este tipo de produtos, é necessário avaliar a perceção do consumidor e compreender as suas preferências. A observação atenta do trabalho de investigação revelou que os esforços de desenvolvimento de produtos resultaram em mais fracassos do que sucessos. A principal razão para este facto pode dever-se ao facto de se confiar em provadores com formação sensorial sem compreender o consumidor. Embora os painelistas sensoriais treinados ocupem um lugar importante na indústria da carne, não são capazes de explicar as preferências e a aceitação dos consumidores. Para compreender melhor a linguagem do consumidor, são necessários testes efectivos que lhe perguntem pelas suas preferências e aceitação. A melhor forma de avaliar o comportamento de compra do consumidor é através de estudos de simulação em supermercados ou de um tipo especial de testes em locais centrais, utilizando um laboratório móvel ou um carrinho móvel (Resurreccion, 1998).

Atualmente, uma percentagem muito pequena (cerca de 2%) da carne é transformada em produtos de valor acrescentado. A Índia é um dos maiores mercados emergentes, com mais de 1,2 mil milhões de habitantes e uma classe média forte de cerca de 250 milhões. A rápida urbanização, o aumento da literacia, o aumento da participação das mulheres na força de trabalho, o aumento do rendimento per capita, a alteração dos hábitos alimentares e a presença de operadores privados contribuíram para o rápido crescimento e para a alteração dos padrões de procura. Por conseguinte, existe um enorme potencial e oportunidades no sector da carne transformada. A segurança alimentar é outro domínio que requer uma enorme atenção devido ao comércio internacional e às implicações para a saúde pública. Os consumidores estão agora mais preocupados com a segurança dos alimentos que consomem e, por conseguinte, há que dar resposta a essa preocupação. O mercado mundial de carnes transformadas está estimado em 362 mil milhões de dólares em 2012 e prevê-se que atinja 799 mil milhões de dólares em 2018, com uma taxa de crescimento anual composta de 14,3%. O mercado do equipamento de transformação de carne é de 7,7 mil milhões de dólares em 2012 e, até 2018, prevê-se que atinja 11,5 mil milhões de dólares, com uma taxa de crescimento anual composta de 7,2%. Prevê-se um crescimento máximo deste sector na China, na Índia, no Japão e na Nova Zelândia. Devido ao enorme crescimento previsto, os principais fabricantes estão a concentrar-se na expansão das respectivas actividades de transformação de carne em toda a Índia e na criação de novas fábricas para aumentar as capacidades de produção e alargar a linha global de produtos. O mercado de equipamento de transformação de carne é impulsionado pelas vantagens associadas, como o aumento do consumo de carne transformada e a melhor qualidade dos produtos à base de carne. A prática de transformação da carne registou alterações significativas, devido aos desenvolvimentos realizados na indústria de equipamento de transformação de carne. A mecanização deste processo não só influenciou e reduziu o trabalho intensivo de mão de obra, como também levou a mudanças positivas na segurança das indústrias de transformação de carne. No entanto, a falta de sensibilização para os equipamentos de transformação e a disponibilidade de mão de obra formada na Índia constituem os principais obstáculos ao crescimento do mercado da transformação de carne. Atualmente, a transformação e o valor acrescentado da carne na Índia continuam a ser inferiores a 2,0%, com exceção das aves de capoeira, em que cerca de 7,2% da carne é transformada. O mercado indiano está a assistir a uma mudança revolucionária e várias empresas multinacionais estão a introduzir produtos mundialmente conhecidos nos mercados indianos. Registou-se um aumento do número de operadores no segmento dos produtos congelados e da disponibilidade de produtos de carne prontos a consumir e de conveniência. Em comparação com a indústria de frangos de carne, que está a crescer a uma taxa anual de 12-15%, o segmento dos produtos de carne prontos a consumir está a crescer a mais de 20% na Índia. Embora os padrões culturais e não o rendimento dominem o consumo de carne na Índia, o sector da carne pronta a consumir está a crescer com a riqueza dos consumidores. As grandes empresas de transformação de carne, a seguir mencionadas, entraram no sector da transformação de carne e satisfazem a procura de uma determinada percentagem da população. A KFC explora atualmente mais de 625 lojas no país e, no futuro, pretende abrir mais lojas em cerca de 100 cidades. A Suguna Daily Fresh tem atualmente 150 lojas e planeia abrir 500 pontos de venda a retalho nos próximos 3 anos. A Suguna Foods, que tem atualmente um ponto de venda *"Suguna Crisp & Crunch"*, planeia abrir 2000 restaurantes de serviço rápido em toda a Índia nos próximos 5 anos. A Venky'sXprs abriu os seus pontos de venda em Pune, Mumbai e Hyderabad e planeia expandir-se. A Godrej-Tyson criou as infra-estruturas necessárias para comercializar produtos avícolas na maior parte das cidades do oeste e do sul da Índia. Mas este tipo de iniciativas no sector da carne de ovino, caprino e de grandes animais é quase inexistente. Espera-se que a evolução dos modernos pontos de venda a retalho, com melhores Instalações de embalagem, rotulagem, refrigeração e cadeia de frio, resolva os inconvenientes da situação atual. Ao aperceberem-se do mercado indiano de restaurantes de serviço rápido, que vale 13 mil milhões de dólares, várias grandes empresas do sector alimentar, nomeadamente a Denny's Corp, a Pollo Tropical Carrols Restaurant, a Applebee's e a Johnny Rockets, a Wendy's, etc., estão a entrar na Índia. Alguns grandes operadores como METRO, SPAR Hypermarket, Wal Mart, etc. já entraram no sector retalhista.

PROCEDIMENTOS BÁSICOS DE PROCESSAMENTO

Cominuição

Todas as carnes transformadas podem ser classificadas como produtos não triturados ou triturados.

Os produtos não triturados são geralmente transformados a partir de peças intactas. Estes produtos são normalmente curados, fumados e cozinhados, por exemplo, fiambre e bacon. A cominuição refere-se à subdivisão ou redução da carne crua em pedaços ou partículas de carne. O grau de cominuição ou o tamanho das partículas varia consoante as características de transformação dos produtos. Esta redução do tamanho das partículas de carne ajuda a distribuir uniformemente os condimentos e elimina a dureza associada à carne de animais velhos e reduz o custo do combustível para cozinhar. A cominuição é efectuada com a ajuda de uma picadora de carne para produtos moídos grosseiramente, enquanto o picador de taça também é utilizado para fazer uma emulsão fina de carne.

Emulsificação

Uma mistura de dois líquidos imiscíveis em que um líquido se encontra disperso sob a forma de gotículas noutro líquido é designada por emulsão. Uma emulsão tem duas fases - uma fase contínua e uma fase dispersa ou descontínua. Estas fases permanecem imiscíveis devido à existência de uma tensão interfacial entre elas. A emulsão permanece instável se a tensão interfacial for muito elevada. A emulsão pode ser estabilizada através da redução da tensão interfacial com a ajuda de agentes emulsionantes ou emulsionantes. O leite homogeneizado é um bom exemplo de uma verdadeira emulsão em que as gotículas de gordura estão dispersas numa fase contínua aquosa. O tamanho ou diâmetro das gotículas de gordura dispersas numa emulsão verdadeira varia entre 1 e 5 micrómetros (μm).

Emulsão de carne

É composto por uma fase dispersa de gotículas de gordura sólidas ou líquidas e uma fase contínua de água contendo sal e proteínas. Aqui, a fase contínua também pode ser referida como uma matriz na qual as gotículas de gordura estão dispersas. Devido à presença da matriz, muitas pessoas chamam à emulsão de carne um sistema multifásico. Para fins práticos, a emulsão de carne é uma emulsão de óleo em água onde as proteínas de carne solubilizadas actuam como emulsionantes. As gotículas de gordura têm geralmente um tamanho superior a 50 μm e permanecem revestidas com uma proteína solúvel - miofibrilar ou sacroplasmática. A quantidade de gordura que pode ser incorporada numa emulsão estável depende do tamanho das partículas de gordura, do pH da carne, da temperatura durante a emulsificação e da quantidade e tipo de proteínas solúveis. É muito importante manter uma temperatura baixa durante a formação da emulsão para evitar a fusão das partículas de gordura, a desnaturação das proteínas solúveis e a diminuição da viscosidade. Isto é feito através da adição de flocos de gelo em vez de água fria durante o corte.

Para a preparação de uma boa emulsão de carne, a carne magra é primeiro picada com sal para extrair as proteínas solúveis em sal e, em seguida, adiciona-se a gordura e outros ingredientes. As proteínas solúveis em sal têm uma capacidade emulsionante relativamente elevada. Uma vez formada uma boa emulsão de carne, esta tem de ser protegida durante a cozedura ou o tratamento térmico. A rutura da emulsão pode ocorrer devido à exposição súbita a altas temperaturas devido à coalescência de partículas de gordura finamente dispersas em partículas maiores (bolsas de gordura). A emulsão encapsulada ou moldada é primeiramente exposta ao calor a 55°C de modo a coagular as proteínas de revestimento e estabilizar a emulsão.

Extensão da carne

Muitos produtos alimentares não cárneos podem ser incorporados nos produtos cárneos. Estes são geralmente designados como extensores, embora possam ser especificamente referidos como enchimentos, aglutinantes, emulsionantes ou estabilizadores, dependendo do objetivo da sua incorporação na formulação básica de carne. Nos países em desenvolvimento, os produtos de soja, a fécula de batata e as farinhas de trigo, de arroz, de ervilha, de milho, etc., são utilizados como agentes de enchimento para reduzir o custo das formulações. Vários produtos lácteos, como o leite em pó desnatado, o soro de leite seco, o caseinato de sódio, etc., são frequentemente utilizados como aglutinantes. Algumas gomas, como o alginato de sódio, a carragenina, a goma arábica, etc., podem ser utilizadas para estabilizar emulsões de carne frágeis. Devido ao custo elevado, a extensão da carne deve ser efectuada em grande escala, a fim de garantir a disponibilidade de produtos à base de carne para as massas.

Pré-mistura

Refere-se à mistura de uma parte ou de todos os ingredientes de cura (sal, nitrito, nitrato, etc.) com carne moída numa proporção especificada. Este processo permite uma melhor extração das proteínas que, por sua vez, ajuda na formação de uma emulsão estável. Permite o controlo da composição do produto, ajustando o teor de gordura desejado. Além disso, os transformadores dispõem de tempo suficiente para a análise das amostras de carne.

Processamento a quente

Refere-se à transformação da carcaça o mais rapidamente possível após o abate (certamente dentro de 1-2 horas) sem ser submetida a qualquer refrigeração. O termo "transformação pré-rigorosa" é utilizado quando a carne muscular é transformada num estado pré-rigoroso. Embora a transformação da carne a quente seja uma prática comum na Índia, é um desenvolvimento recente nos países ocidentais. Esta técnica tem muitas vantagens. Acelera as etapas de transformação e todo o tempo de transformação é reduzido em grande medida. Verifica-se uma melhoria do rendimento da cozedura e da qualidade sensorial do produto. Para além disso, há benefícios financeiros devido à redução do espaço das caldeiras e da necessidade de mão de obra. Assim, poupa-se muita energia se o processamento a quente for adotado a uma escala piloto.

Cozinhar

A carne e os produtos à base de carne são cozinhados por qualquer um ou por uma combinação de três métodos - calor seco, calor húmido e micro-ondas. A cozedura por calor seco é um método aceite para cortes de carne relativamente tenros, tais como costeletas de porco, perna e costeletas de borrego, carnes moídas e trituradas, etc. O rendimento do produto é relativamente elevado devido a um encolhimento comparativamente menor. A cozedura por calor seco envolve grelhar, assar ou fritar. Na grelha, a carne é colocada numa grelha de arame e exposta ao calor por cima, como nos fornos eléctricos e a gás, ou por baixo, como nos grelhadores a carvão. A carne tem de ser virada para uma cozedura uniforme e suficiente de todos os lados. A torrefação também é praticada em cortes tenros de carne, como a pá e o lombo de porco, a pá, a grelha e o lombo de borrego e o presunto, etc. A peça assada, com pelo menos 8 cm de espessura, é ajustada numa assadeira aberta com a gordura virada para cima e colocada num forno de ar quente a 115-1500C. A temperatura e o tempo de cozedura variam consoante a peça. A torrefação dá geralmente um bom dourado e melhora o sabor do produto. A fritura - em gordura funda ou numa frigideira pouco funda - também é classificada como uma cozedura com calor seco. Este método é especialmente adequado para cortes finos de carne, tais como bifes fatiados, costeletas de carnelro, pedaços de carne de frango, etc. A cozedura em calor húmido é recomendada para cortes de carne relativamente duros. Neste método, a água quente ou o vapor são mantidos continuamente em contacto com a carne para cozinhar, de modo a que não haja perda de humidade para além de uma determinada fase. A cozedura sob pressão, o estufado, a cozedura em lume brando, etc., são processos populares de cozedura com humidade. Na cozedura sob pressão podem ser atingidas temperaturas de cozedura mais elevadas, o que facilita a amaciamento de peças de carne duras. Na estufagem, os pedaços de carne rija são primeiro alourados numa pequena quantidade de gordura e depois cobertos com água juntamente com caril e deixados a cozer a uma temperatura de fervura em lume brando num recipiente coberto. O produto final fica tenro, juntamente com o caril. A cozedura em lume brando implica cozinhar em água quente a uma temperatura de 700C durante um período de tempo considerável. O refogado utiliza tanto o calor seco como o calor húmido para o processamento adequado dos produtos de carne. Vários cortes de carne, como costeletas e bifes de porco, peito e pernil de carneiro, etc., são primeiro fritos numa frigideira e depois colocados num recipiente coberto juntamente com água e temperos para cozinhar a 80-900C.

PRODUTOS DE CARNE REESTRUTURADOS

No início dos anos 70, a tecnologia de reestruturação apareceu como um novo conceito para melhorar a utilização da carne (Mandigo, 1988). Historicamente, sempre houve um interesse em reestruturar um produto de carne vermelha que fosse altamente palatável e a um preço razoável (Seideman e Durland, 1983). A reestruturação refere-se à utilização de etapas de fabrico para criar um produto pronto a consumir que se assemelhe a um bife, costeleta ou assado intacto. Os produtos de carne reestruturados incluem quaisquer produtos de carne que são parcial ou completamente desmontados e depois reformados na mesma forma ou numa forma diferente. Os produtos são referidos, de forma variada, como "reestruturados", "reformados", "em flocos e formados", "cortados e moldados" e "em pedaços e formados", determinados em grande medida pelo tamanho das peças constituintes (Sheard e Jolley, 1988). A expressão "produtos de valor intermédio" é igualmente utilizada (Breidenstein, 1982), o que sugere que este tipo de produto é considerado pelo consumidor, e comercializado, como tendo um valor intermédio entre os hambúrgueres tradicionais e o bife de músculo intacto. A reestruturação da carne e dos produtos à base de carne permite a utilização de componentes de carne menos valiosos para produzir produtos à base de carne palatáveis a um custo reduzido (Tsai *et al.*, 1998). Os produtos à base de carne reestruturados têm alegado oferecer numerosas vantagens, tais como a produção de produtos à base de carne de valor acrescentado a partir de cortes e aparas menos valiosos, a melhoria das características do produto, tais como a textura, a forma do produto, etc. A tecnologia de reestruturação da carne oferece um benefício potencial de utilização de aparas de carne e cortes de menor valor em produtos de valor acrescentado, melhorando assim a palatabilidade e a aceitação do consumidor (Gadekar *et al.*, 2015). Outras vantagens, como a conveniência na preparação, o baixo teor de gordura, a economia, a novidade na gama de produtos, a programação do valor nutritivo, a consistência e a qualidade uniformes, dão uma vantagem aos produtos de carne reestruturados em comparação com outros. Não deve ser considerado como um substituto de cortes de alta qualidade de bifes e assados de músculo intacto. Pelo contrário, deve ser considerado como uma forma de alargar o potencial dos alimentos com músculo no mercado.

Os conhecimentos de cozinha caseira com cortes de músculos inteiros frescos, que pareciam tão fáceis há uma geração atrás, parecem estar a diminuir. Hoje em dia, a maior parte das pessoas já não tem essa capacidade, enquanto os pais ocupados já não têm tempo nem vontade de passar horas na cozinha a preparar refeições nutritivas. O mesmo se aplica aos jovens profissionais, às famílias monoparentais e aos ninhos vazios que estão ocupados a dar início às suas carreiras ou a seguir um estilo de vida em que o consumo de alimentos é melhor do que a sua preparação. Assim, muitos factores, incluindo mudanças no estilo de vida, famílias mais pequenas, marido e mulher a trabalharem fora de casa, a necessidade de mais carne magra e menos gordura e o desejo de maior comodidade indicam que a necessidade de carnes reestruturadas tem vindo a aumentar. Assim, a carne reestruturada faz parte da carteira de produtos há já algum tempo. A reestruturação consiste na desmontagem parcial ou total da carne e na sua transformação numa forma idêntica ou diferente. Os produtos à base de carne reestruturada são geralmente fabricados utilizando aparas de carne de valor inferior, reduzidas em tamanho através de descamação, fragmentação, trituração, corte ou fatiagem. Esta tecnologia pode fornecer produtos de carne de conveniência com características de produto melhoradas, tais como textura, teor de gordura, força de ligação e forma. Os produtos reestruturados têm características sensoriais algures entre a carne moída e os bifes de músculo intacto. O objetivo da produção de produtos reestruturados é comercializar eficazmente carcaças de baixo valor de animais gastos ou envelhecidos com má conformação e componentes de carcaça. A reestruturação também ajuda a produzir produtos homogéneos e de tamanho uniforme, com um aspeto semelhante ao do bife ou do toucinho naturais, que podem ser cortados à medida das necessidades do consumidor. Vários métodos, como a tombagem, a massagem e a amaciamento com lâminas, facilitam a produção de produtos reestruturados de alta qualidade. Uma vez que a carne está disponível sob a forma de pequenas aparas, cubos ou flocos, pode ser moldada em qualquer forma, cimentando estas pequenas porções de carne em grandes cortes, tal como os tijolos são utilizados para fazer um edifício de qualquer forma ou tamanho. Depois de estes blocos de construção serem moldados numa forma, podem ser cozidos no forno, a vapor ou por qualquer outro método para produzir produtos de carne prontos a servir. Os avanços na engenharia dos processos alimentares e nas máquinas de transformação de alimentos aumentaram a facilidade e a eficiência da produção de carne reestruturada. Atualmente, estes produtos de carne reestruturada têm um aspeto tão semelhante ao dos produtos de carne natural que, muitas vezes, é muito difícil diferenciá-los. Estes produtos são também convenientes para os retalhistas, uma vez que o seu tamanho e peso uniformes podem ser mantidos, o que não acontece com os cortes de carne natural, cujo tamanho varia de animal para animal. A reestruturação também permite a adição de ingredientes vegetais funcionais, como fontes de fibra ou antioxidantes, o que ajuda na preparação de refeições completas e reduz alguns dos efeitos nocivos associados ao consumo de carne. Na maioria das vezes, a qualidade microbiológica destes produtos também é melhor do que a dos produtos naturais.

Transformação de produtos reestruturados à base de carne

Os três principais métodos de reestruturação da carne incluem: fragmentação e formação, descamação e formação e, por último, rasgamento e formação. O princípio básico subjacente à preparação de produtos de carne reestruturada é a extração eficiente das proteínas musculares, através da adição de produtos químicos como o sal e os fosfatos, estas proteínas vêm à superfície dos pedaços de carne e, após o aquecimento, actuam como material de ligação entre as fibras musculares de pedaços adjacentes. Durante a transformação dos produtos de carne reestruturados, utiliza-se o método de ligação a quente ou o método de ligação a frio. O método de aglutinação a quente envolve a gelificação e a aglutinação das proteínas extraídas da carne durante a cozedura, ao passo que na aglutinação a frio são utilizados diferentes sistemas de aglutinação que formam gel mesmo à temperatura ambiente. O condicionalismo da tecnologia de fixação a quente é a comercialização dos produtos, uma vez que o produto deve ser pré-cozinhado ou congelado, o que limita o seu potencial de comercialização. A vantagem deste método é a flexibilidade na comercialização de produtos de carne reestruturados, quer no estado cru quer no estado refrigerado. A qualidade do produto de carne reestruturada é afetada pelas matérias-primas, incluindo o tipo de carne, a cominuição, a dimensão das partículas, o tempo de mistura, o teor de gordura, etc. O bom aspeto e a distribuição fina de pequenas partículas de gordura são os requisitos essenciais para os produtos de carne reestruturada. É necessário um tempo de mistura ótimo, uma vez que uma mistura menor pode resultar numa aglutinação inadequada e uma mistura excessiva pode levar à deterioração da cor desejada.

Preparação de produtos de carne reestruturados

A reestruturação é uma técnica em que a carne é parcial ou totalmente desmontada e depois reformada na mesma forma ou numa forma diferente. No produto de carne reestruturada, pequenos pedaços de carne são ligados ou mantidos juntos por proteínas que ocorrem naturalmente para formar um produto de carne para os consumidores. O objetivo básico da produção de carne reestruturada é utilizar carne de animais gastos ou envelhecidos com má conformação e componente de carcaça (Gadekar *et al.*, 2012). A reestruturação foi desenvolvida como um método para transformar cortes de menor valor e aparas de qualidade em produtos de maior valor. A reestruturação foi definida como a utilização de etapas de fabrico para criar um produto pronto a consumir que se assemelha a um músculo intacto, como um bife, uma espetada, uma costeleta ou um assado. A reestruturação não deve ser considerada como um substituto para os cortes de alta qualidade de bifes e assados de músculo intacto. Pelo contrário, deve ser considerada como uma forma de alargar o potencial dos alimentos com músculo no mercado (Boles, 1999). Na reestruturação da carne, o tombamento e a massagem são as duas técnicas mais utilizadas. O objetivo básico destas duas técnicas é produzir atributos desejáveis no produto acabado. A ação de tombar e massajar não só ajuda a uma melhor extração das proteínas, mas também melhora a velocidade de cura, aumentando a absorção de sal. O tamboreamento e a massagem melhoram assim a distribuição da cura, aumentam a força iónica e o pH, resultando num maior rendimento do produto e melhoram a retenção de água, a tenrura, a suculência e o aspeto do produto acabado e a ligação dos pedaços de carne. A temperatura da carne durante o tombamento e a massagem também é importante, uma vez que afecta a força de aglutinação; as proteínas solúveis em sal podem ser facilmente extraídas da carne magra a 2,2-3,3°C. Para uma aglutinação óptima e por razões de segurança alimentar, os processos de tamborilar e massajar devem ser operados em câmaras frias. A agitação lenta ou intermitente da carne perturba a estrutura do tecido, ajudando assim a distribuir a solução de salmoura.

Tumbling

A tombagem é um processo físico que envolve a rotação, a queda e o contacto da carne com paredes mctálicas e pás num tambor e proporciona uma transferência de energia cinética para extrair proteínas que formam um agente de ligação para as fibras musculares. A tombagem é efectuada num cilindro rotativo conhecido como tambores, que consiste em tambores inoxidáveis rotativos de diferentes tipos, fazendo com que pedaços de carne inteira não cozinhada, fresca ou curada, tombem ou caiam, com ou sem a ajuda de deflectores. O tombamento contínuo e o intermitente são dois tipos básicos de tratamentos de tombamento que são utilizados no tombamento contínuo. A carne é tombada a uma velocidade muito lenta, geralmente 24 rpm, durante um período de 12-16 h até que o número desejado de rotações de tombamento tenha sido alcançado e o tombamento tenha terminado, a carne é imediatamente processada. Em intermitente, a carne é tombada e repousada em intervalos, visando um equilíbrio entre o tempo ótimo de tombamento e o tempo para a salmoura se difundir e aumentar a absorção da salmoura, o rendimento, a capacidade de fatiar e reduzir as perdas de cozedura. No tombamento, o recipiente

(ou barril) gira em torno do seu próprio eixo imaginário e não tem pás no seu interior, ao passo que, no caso do sistema de massajar, o recipiente está parado e os braços ou pás de mistura movem-se no seu interior. O massajador é um misturador lento concebido para mexer ou agitar grandes pedaços de carne. O tombamento utiliza a energia de impacto e a massagem utiliza a energia de fricção. Verificou-se que a aplicação de vácuo ao tamboreamento produz mais proteínas extraíveis do que as condições sem vácuo.

Massajar

Na massagem, a ação mecânica é exercida através da fricção entre os diferentes músculos, com as paredes e os deflectores da máquina de massagem, produzindo um efeito muito mais suave do que o tombamento. Este tipo de processamento é muito adequado para produtos em que as peças e a estrutura muscular devem ser mantidas intactas, mas com a caraterística de conseguir uma solubilização suficiente das proteínas para a ligação muscular. Quanto maior for o tempo de massagem aplicado, maior será o efeito sobre a carne porque se obterá uma maior solubilização e extração das proteínas miofibrilares. Mas este tempo deve ser regulado porque um excesso de tempo de massagem pode produzir resultados contrários aos desejados, afectando a capacidade de retenção de água, bem como o aspeto da fatia.

Papel dos vários ingredientes

Na carne reestruturada, o baixo nível de sal, o fosfato alcalino, em combinação com o nitrito de sódio, são normalmente utilizados para ligar os pedaços de carne. Recentemente, estão também a ser utilizadas proteínas não cárneas, aglutinantes e extensores, aromas, proteínas vegetais hidrolisadas, hidrocolóides, amidos e antioxidantes.

Sal/cloreto de sódio

O sal comum ou sal de mesa ou cloreto de sódio é um aditivo importante na transformação de muitos alimentos, incluindo produtos à base de carne. É utilizado na preparação de produtos à base de carne devido aos seus efeitos no sabor (Gillete, 1985), na ligação à água e à gordura e na textura final de gel após a cozedura (Terrel, 1983), para além de melhorar o prazo de validade (Sofos e Busta, 1980). Tradicionalmente, o NaCl tem sido utilizado em produtos de carne reestruturados para ligar as peças de carne juntamente com o tratamento térmico. Induz a solubilização das proteínas miofibrilares e há muito que se sabe que este exsudado serve de agente de ligação entre as peças de carne. O NaCl actua como conservante ao diminuir a atividade da água, inibindo assim o crescimento bacteriano. Contribui para a emulsificação da gordura, aumenta a capacidade de retenção de água e melhora a textura e o rendimento (Trout e Schmidt, 1984). O efeito benéfico na coesão, suculência, textura e sabor dos produtos acabados também foi comprovado (Rajharjo *et al.*, 1994). A utilização de NaCl por si só tem efeitos secos e agressivos nos produtos à base de carne. O NaCl sozinho tem também a desvantagem de ser pró-oxidante nos produtos à base de carne (Kanner *et al.*, 1991) e resulta numa carne magra de cor escura indesejável e pouco atractiva. Por isso, é geralmente combinado com açúcar e nitrito.

Nitrito de sódio
A utilização de nitritos e nitratos no fabrico de produtos à base de carne é geralmente designada por "cura". Estes conferem aos produtos uma cor vermelha estimada e estável, actuam como antioxidantes e impedem ou retardam o crescimento microbiano, contribuindo igualmente para um sabor agradável. Hustard *et al.* (1973) referem que são necessários 25 mg/kg de nitritos para obter uma cor rosa estável nos produtos à base de carne. No entanto, em condições comerciais, pode ser necessário um nível até 75mg/kg (Rubin, 1977). O nível ótimo de nitrito para pedaços de carne curados e fumados para obter uma melhor cor e sabor foi registado como sendo de 150 ppm

(Mathew, 1992). A adição de nitritos foi eficaz na redução do efeito oxidativo do NaCl na carne de porco (Gariepy *et al.*, 1994). Park *et al.* (1994) registaram também uma redução dos valores de TBA devido à adição de nitrito de sódio na carne de porco curada. Verificou-se que a intensidade do sabor da carne curada aumenta com o aumento do nível de sal e de nitritos (Froehlich *et al.*, 1983). A retenção a longo prazo do sabor da carne curada (Mac Donald *et al.*, 1980) e a supressão do sabor a ranço dependem também dos nitritos (Sato e Hegarty, 1971). **Polifosfatos**

Os fosfatos têm múltiplas funções nos produtos à base de carne, tais como maior solubilidade, melhoria da capacidade de ligação à água e, por conseguinte, do rendimento do produto acabado devido à sua dupla ação de aumento do pH e desdobramento das proteínas musculares. Os polifosfatos melhoram as qualidades sensoriais dos produtos à base de carne quando adicionados juntamente com o sal. Também quelam iões de metais vestigiais, retardando assim o desenvolvimento de ranço nos produtos à base de carne. O USDA estipulou que o nível de polifosfato no produto acabado não deve ser superior a 0,5% (USDA, 1979).

Especiarias e condimentos

As especiarias e os condimentos conferem aroma, sabor e paladar ao produto. Contribuem também com algumas propriedades anti-microbianas e anti-oxidantes para os produtos à base de carne, juntamente com algum efeito na textura e no aspeto do produto. Contribuem igualmente para reduzir o custo económico da produção. O alho tem efeitos antimicrobianos contra *Staphylococcus aureus, Lactobacillus plantarum, leveduras, Bacillus cereus, Clostridium perferingens e Candida utilis*. O principal componente antimicrobiano do alho é a alicina. O teor de malonaldeído pode também ser reduzido com a adição de especiarias secas. Os rolos de carne de porco reestruturados preparados a partir de uma combinação de 0,7% de alginato de sódio + 0,125% de carbonato de cálcio + 0,3% de lactato de cálcio foram considerados os melhores para utilização sob refrigeração (Devatkal e Mendiratta, 2001). A utilização de fosfato tricálcico (0,3%) melhorou significativamente a tenrura da carne e a ligação dos rolos de carne de búfalo reestruturados em comparação com os produtos que continham 0,3% de tripolifosfato de sódio (Mendiratta *et al.*, 2002). Gupta *et al.* (2015) avaliaram o efeito da farinha de aveia nas características de qualidade de blocos reestruturados de carne de galinha usada. A farinha de aveia (hidratação 1:1, p/p) foi incorporada nos níveis de 4, 6 e 8 por cento, substituindo a carne magra na formulação pré-padronizada de blocos reestruturados de carne de galinha usada e o nível ótimo de incorporação de farinha de aveia no RSHMB foi considerado como 8 por cento. Devido à sua capacidade de formar géis e reter água, as carrageninas são amplamente utilizadas como modificadores de textura em produtos à base de carne em gel, onde servem muitos objectivos específicos.

Perspectivas futuras dos produtos de carne reestruturados

A produção de produtos à base de carne reestruturada com baixo teor de gordura, baixo teor de sal, elevado teor de fibras e elevado teor de antioxidantes, para satisfazer as necessidades dos consumidores actuais, pode aumentar consideravelmente o valor de mercado e a aceitabilidade dos produtos à base de carne reestruturada. Os avanços na engenharia dos processos alimentares e nas máquinas de transformação de alimentos aumentaram a facilidade e a eficiência da produção de carne reestruturada. Atualmente, estes produtos à base de carne reestruturada são tão semelhantes aos produtos à base de carne natural que, muitas vezes, é muito difícil diferenciá-los. Estes produtos são também convenientes para os retalhistas, uma vez que o seu tamanho e peso uniformes podem ser mantidos, o que não acontece com os cortes de carne natural, cujo tamanho varia de animal para animal. A reestruturação também permite a adição de ingredientes vegetais funcionais, como fontes de fibra ou antioxidantes, o que ajuda na preparação de refeições completas e reduz alguns dos efeitos nocivos associados ao consumo de carne. Na maioria das vezes, a qualidade microbiológica destes produtos também é melhor do que a dos produtos naturais.

PRODUTOS À BASE DE CARNE ENRIQUECIDOS COM FIBRAS

A alimentação é um dos factores importantes que influenciam a saúde e o bem-estar das pessoas.

A carne e os produtos à base de carne são inerentemente pobres em fibras alimentares, o que, mais uma vez, não é propício a uma boa saúde. Uma vez que a carne e os produtos à base de carne são fontes muito pobres de fibras alimentares, a incorporação nos produtos à base de carne de fibras alimentares provenientes de diferentes fontes, tais como frutos, legumes, substâncias de enchimento, etc., ajudaria a aumentar a sua apetência. A rápida expansão do mercado de refeições rápidas aumentou o desenvolvimento de produtos à base de carne e, nos últimos dias, tem-se assistido à introdução de vários novos produtos à base de carne. O consumo de carne e de produtos à base de carne sem fibras alimentares está associado a vários problemas de saúde, como o cancro do cólon, a obesidade e as doenças cardiovasculares. A incorporação de fibras nos produtos à base de carne pode reduzir o risco destas doenças. A fim de manter o consumo deste alimento altamente nutritivo e reduzir o risco de doenças relacionadas com o regime alimentar dos consumidores, é necessário desenvolver estratégias para lhes fornecer produtos à base de carne mais saudáveis. Estudos demonstraram uma relação entre uma dieta que contém um excesso de alimentos densos em energia, ricos em gorduras e açúcar, e o aparecimento de uma série de doenças crónicas, incluindo cancro do cólon, obesidade, doenças cardiovasculares e vários outros distúrbios (Beecher, 1999), pelo que foi recomendado um aumento do nível de fibra alimentar na dieta diária (Eastwood, 1992). A presença de fibra nos alimentos produz uma diminuição do seu conteúdo calórico. O consumo de carne está a aumentar na Índia, uma vez que está associado à qualidade de vida. A carne e os produtos à base de carne são fontes importantes de proteínas, vitaminas e minerais, mas também contribuem para a ingestão de gordura, ácidos gordos saturados, colesterol, sal de mesa, etc. A presença de proporções inadequadas destes elementos e a sua associação com a obesidade, as doenças coronárias, a aterosclerose, etc., está a influenciar a imagem dos produtos à base de carne. O conceito de alimentos mais saudáveis engloba a base de alimentos funcionais, que tipicamente denotam alimentos transformados com benefícios de prevenção de doenças e/ou promoção da saúde para além do seu valor nutritivo normal. Esses alimentos devem ser derivados de ingredientes naturais, consumidos como parte da dieta diária e envolvidos na regulação de processos específicos para os seres humanos, incluindo a prevenção do risco de doença, o retardamento do processo de envelhecimento e a melhoria da capacidade imunológica.

A fibra é adequada para ser adicionada a produtos à base de carne e foi anteriormente utilizada em produtos à base de carne cozinhados para aumentar o rendimento da cozedura devido às suas propriedades de ligação à água e à gordura e para melhorar a textura. Vários tipos de fibra foram estudados isoladamente ou em combinação com outros ingredientes para formulações de produtos à base de carne, em grande parte produtos moídos e reestruturados (Bhat e Pathak, 2009). A adição de algumas frutas ou vegetais compatíveis com a carne não só reduz o seu custo como também adiciona alguns minerais e fibras essenciais que faltam na carne. Estes produtos à base de carne satisfazem a procura das pessoas que não têm meios para comprar carne, bem como das pessoas que se preocupam com a saúde e querem que os seus alimentos contenham todos os nutrientes.

As fibras alimentares são resistentes às enzimas digestivas dos seres humanos e consistem em polissacáridos vegetais, oligossacáridos, lenhina e substâncias vegetais associadas. Estas podem ser classificadas como fibras solúveis ou insolúveis. As fibras solúveis dissolvem-se na água dos alimentos e formam um gel viscoso que pode reter certos componentes alimentares e torná-los menos disponíveis para absorção. As fibras insolúveis permanecem metabolicamente inertes e fornecem volume ou podem ser prebióticas e fermentar no intestino grosso.

Atualmente, os consumidores estão cada vez mais preocupados com a saúde e tentam reduzir a ingestão de calorias através da adição de fibra alimentar na formulação (Egbert *et al.*, 1991). Os fabricantes introduziram várias modificações numa tentativa de compensar os efeitos prejudiciais dos alimentos de elevada densidade energética. Estas modificações incluem a seleção de ingredientes à base de carne, a adaptação ou preparação de tecnologias, quer para variar a composição do produto final, quer para introduzir certas características funcionais e, finalmente, a utilização de ingredientes não à base de carne.

Para além dos benefícios para a saúde, as fibras alimentares na carne também têm outras vantagens, como a substituição da gordura, o aumento da capacidade de retenção de água, as propriedades de ligação da gordura, o rendimento de cozedura e a melhoria da estabilidade oxidativa quando a fonte de fibra está associada a antioxidantes fenólicos. A incorporação de fibras alimentares tem sido bem sucedida em vários produtos à base de carne provenientes de diferentes fontes vegetais: cereais (farinha de aveia/farelo de aveia, farinha de cevada, farelo de trigo, farelo de arroz, etc.), leguminosas (feijão preto, feijão frade, farinha de lentilhas, farinha de grama, farinha de casca de ervilha, etc.), produtos hortícolas (batata-doce, cenoura, cabaça, couve, pimento, nabo, brócolos, etc.) ou frutos (alperce, polpa de laranja, polpa de maçã, pêssego, banana crua, etc.). Além disso, a raiz de chicória em pó (inulina), as sementes de linhaça, etc., também têm sido utilizadas em produtos à base de carne. As fibras alimentares, especialmente as de origem vegetal e de frutos, são portadoras de compostos bioactivos. É interessante notar que a incorporação da maioria das fibras alimentares não só confere um ou mais efeitos de melhoria da saúde, mas também benefícios tecnológicos.

Perspectivas futuras dos produtos à base de carne enriquecidos com fibras: A incorporação de fibras sob a forma de cereais, leguminosas, legumes ou frutos melhora a qualidade nutricional e sanitária da carne e dos produtos à base de carne. Os consumidores estão agora a tomar consciência dos problemas relacionados com a alimentação e estão ansiosos por reformar a sua dieta para obterem benefícios para a saúde. É da responsabilidade do consumidor adotar uma dieta saudável. Os técnicos do sector da carne devem aceitar este desafio e desenvolver uma variedade de produtos à base de carne que não só melhorem a saúde como também sejam saborosos e seguros. Assim, a indústria poderá fornecer alimentos funcionais ou concebidos para a carne, reformulados para fins específicos. As possibilidades de enriquecimento de compostos bioactivos à base de carne têm de ser plenamente exploradas para se destacarem dos produtos concorrentes. O nosso esforço deve ser o de incorporar vários conjuntos de propriedades que melhorem a saúde em vários tipos de produtos à base de carne.

PRODUTOS DE VALOR ACRESCENTADO À BASE DE CARNE DE PEIXE

O peixe tem recebido uma atenção crescente como potencial fonte de proteína animal e de nutrientes essenciais para a dieta humana (Zenebe *et al.,* 1998; Arts *et al.,* 2001). A carne de peixe contém significativamente menos lípidos e mais água do que a carne de vaca ou de frango e é preferida a outras carnes brancas ou vermelhas (Neil, 1996). O valor nutritivo da carne de peixe inclui os conteúdos de humidade, matéria seca, proteínas, lípidos, vitaminas e minerais (Evangelos *et al.,* 1989). A proteína de peixe tem um excelente valor nutritivo porque contém aminoácidos essenciais e é altamente digerível (Haard, 1995). Além disso, o peixe é uma boa fonte de vitaminas lipossolúveis, como a vitamina E, encontrada na carne, e as vitaminas A e D, encontradas no fígado (Exler e Weihrauch 1976). O peixe também contém vários ácidos gordos polinsaturados, como o ácido linoleico, o ácido eicosapentaenóico (EPA) e o ácido docosahexaenóico (DHA) (Exler e Weihrauch 1976; Erickson 1992). Para além disso, o sabor a peixe é desejável em snacks produzidos para o mercado internacional.

Atualmente, sabe-se que um consumo elevado de carne de peixe tem um papel benéfico na saúde humana. Os benefícios do peixe para a saúde são atribuídos aos seus componentes lipídicos, que são ricos em ácidos gordos insaturados de cadeia longa da família ómega 3, principalmente o ácido docosahexaenóico (DHA, 22:6n3) e o ácido eicosapentaenóico (EPA, 20:5n3). A carne de peixe contribui para a nutrição fortificante do indivíduo, por um lado, e por outro, minimiza a incidência de doenças cardiovasculares (Ho *et al.,* 1999), ajuda no desenvolvimento do cérebro (Sinclair *et al.,* 2007), na reprodução e no crescimento infantil (Horrocks e Yeo, 1999), diminui o nível de colesterol e de triglicéridos (Nestel, 2000) e tem benefícios anti-inflamatórios (Simopoulos, 2002).

A composição química do peixe é, portanto, valiosa para o desenvolvimento de alimentos ricos em proteínas, assegurando ao mesmo tempo a melhor qualidade de sabor, cor, odor, textura e segurança que se pode obter com o máximo valor nutritivo. A Índia, com uma vasta linha costeira, é o terceiro maior produtor de peixe. Atualmente, a produção anual de peixe da Índia é de 5,65 milhões de toneladas (2,82 milhões em terra e 2,82 milhões em mar) (FAO, 2009). A utilização de peixe pode também reduzir o custo dos produtos à base de carne, uma vez que os preços do peixe na maioria dos mercados indianos são, em geral, inferiores aos de outras carnes.

A carne de espécies comercializáveis ou mesmo não comercializáveis, quer na sua forma inteira quer na sua forma convencional, pode ser utilizada para fazer picados. Muitas das espécies subutilizadas não são utilizadas para consumo devido à falta de familiaridade do consumidor, à falta de espinhas, aos maus nomes e ao aspeto desagradável do peixe inteiro. Como o processo disfarça a natureza original do peixe, o consumidor pode aceitar produtos feitos de carne picada, embora o peixe original fosse inaceitável inteiro. Observou-se que as capturas acessórias nas redes de arrasto de camarão podem atingir 70-80% em condições normais de funcionamento. Estas capturas acessórias são frequentemente devolvidas ao mar. O consumo de peixe a todos os níveis pode ser substancialmente melhorado através da utilização adequada do peixe de baixo preço, bem como das capturas acessórias de camarão, utilizando-as como produtos de peixe picado, acrescentando assim valor ao peixe.

Produtos de peixe picado: Uma vez que o processo de picagem disfarça a natureza original do peixe, o consumidor pode aceitar produtos feitos de carne picada. No que diz respeito à utilização de peixe de baixo valor, foram efectuados progressos consideráveis através do desenvolvimento da tecnologia de carne picada. Também é importante transformar as capturas de peixe disponíveis em produtos estáveis e aceitáveis e distribuí-los às pessoas que deles necessitam, a um preço que podem pagar. A utilização correcta do peixe de baixo preço, bem como das capturas acessórias de camarão, como produtos de peixe picado tem, por isso, um enorme alcance e oportunidade.

Tecnologia de carne picada: A carne de peixe separada da pele e das espinhas através de um separador mecânico de carne e espinhas é conhecida como peixe picado. A carne pode ser removida do peixe utilizando facas de filetagem. O peixe também pode ser passado através de uma picadora de carne convencional (operada à mão ou eléctrica). Muitos dos peixes utilizados para picar são pequenos e estão disponíveis em grandes quantidades (por exemplo, captura acessória de camarão), sendo, neste caso, aconselhável um dispositivo mecânico para remover a carne do peixe. Estes separadores de carne/espinhas separam as partes moles do peixe das partes mais duras (espinhas, pele, escamas, etc.). A preparação do peixe picado baseia-se na compressão física da carne dos ossos, da pele e das escamas através de um filtro perfurado. Geralmente, utiliza-se um sistema de correia e um sistema de tambor perfurado. O peixe picado é instável e fica contaminado durante a produção se as práticas de manuseamento não forem higiénicas e correctas. O rendimento do peixe picado varia de 40-50%, dependendo do tamanho e da espécie. O peixe picado pode ser embalado em sacos de polietileno e mantido em gelo para armazenamento a curto prazo. A carne picada pode ser suavemente prensada e colocada em caixas de cartão e congelada a - 40° C num congelador de placas. Os blocos de carne picada congelada podem ser armazenados a - 20° C ou menos. O peixe picado congelado tem uma boa duração de conservação até um ano a - 30° C.

Bolacha de peixe: Os ingredientes necessários para a preparação da bolacha de peixe são a carne picada de peixe, a fécula de tapioca, a fécula comum, o sal comum e a água. A carne picada de peixe, o amido, o sal e a água são misturados num moinho até se obter uma pasta homogénea. A pasta é espalhada em tabuleiros de alumínio com uma espessura de 3 - 4 mm e cozinhada a vapor durante 10 - 15 minutos. A camada gelatinizada é cortada na forma desejada e seca ao sol ou num secador (a 45-50° C) até atingir um teor de humidade inferior a 6%.

Costeletas de peixe: Os ingredientes necessários para a preparação de costeletas de peixe são carne de peixe cozida, batata cozida, cebola descascada e picada, gengibre, malagueta verde, pimenta em pó, cravinho em pó, canela em pó, curcuma em pó, sal e óleo.

Cozedura de carne de peixe picada

Misturar com batata cozida esmagada, sal e curcuma em pó

Misturar com cebola frita, gengibre e malagueta, etc.
A massa inteira é cozinhada durante 3 minutos, continuando a misturar
Adicionam-se as especiarias em pó e misturam-se bem

Moldado em forma adequada
Mergulhar em massa como clara de ovo e enrolar em pó de pão

Fritar em óleo

Chouriço de peixe: O enchido de peixe é outro produto que pode ser preparado a partir de peixe picado. A maioria das receitas baseia-se nas utilizadas para os enchidos de carne, exceto a substituição do componente de carne por peixe. O enchido de peixe é muito popular no Japão. A tecnologia de

O fabrico de salsichas, embora seja conhecido na Índia, ainda não é comercializado. A salsicha de peixe é preparada misturando peixe picado com óleo, materiais condimentares (açúcar, sal e glutamato de sódio), corantes, conservantes e condimentos e misturada num cortador silencioso. A pasta é então embalada num invólucro, selada e cozida a vapor ou fervida. O conteúdo pode ser fumado antes de ser embalado em tripas.

Surimi e produtos à base de surimi: Surimi é um termo japonês para designar a carne de peixe desossada mecanicamente que foi lavada com água fria e misturada com crioprotectores para obter um bom prazo de validade congelado. A lavagem não só remove a gordura e matérias indesejáveis, como sangue, pigmentos e substâncias odoríferas, mas também aumenta a concentração de proteínas miofibrilares, melhorando assim a resistência e a elasticidade do gel. Devido a esta propriedade única, o surimi é amplamente utilizado no Japão desde há muitos séculos para desenvolver uma variedade de produtos manufacturados. As espécies de peixe subutilizadas garantirão uma produção suficiente de surimi a um custo razoável. Existem dois tipos de produtos de surimi: (i) surimi congelado (sem sal (muen surimi) e salgado (Ka-en surimi)) e (ii) surimi cru (nama surimi), que é produzido em escala limitada para as fábricas locais fabricarem os produtos finais no mesmo dia. O surimi cru tem a vantagem de possuir uma elevada capacidade de retenção de água, o que aumenta o rendimento em comparação com o surimi congelado.

Preparação de Surimi: O requisito principal para a preparação de surimi é que a carne de peixe picada deve ser elástica. O corvina, o peixe-lagarto, etc., têm a elasticidade desejada. Os passos para

a preparação do surimi são dados a seguir:

1.   A cabeça, as escamas e as vísceras são retiradas. A carne é cortada em filetes individuais.

2.   O peixe ou o filete lavados e preparados   O peixe ou o filete lavados

e preparados são introduzidos no separador de carne.

a pele é retirada. Deve ter-se o cuidado de não misturar a carne escura com a branca

carne.

3.   A carne é   bem misturada com água fria e macia 7 a 8

vezes o   volume de

carne e deixa-se repousar   . O sobrenadante é retirado.

Procede-se à lavagem da   carne

repetido 2 a 3 vezes.

4.   O excesso de água é removido numa centrífuga de cestos ou espremido através de um pano.

5.   Os aditivos, tais como 4 - 5% de açúcar, até 0,3% de polifosfato, 4 - 5% de sorbitol e 2,5% de

sal (para ka-en surimi) são misturados com a carne/surimi lavada utilizando um misturador do tipo

arrefecimento ou um cortador silencioso. A quantidade de aditivos no surimi varia consoante os

fabricantes. Os aditivos são misturados com a carne durante 15 minutos a uma temperatura inferior

a 13° C.

6.   O surimi preparado é enchido em sacos de polietileno e embalado em tabuleiros para

congelação em congelador de placas.

7.   A congelação é efectuada rapidamente a - 40° C. Os sacos/blocos congelados são embalados

em caixas de cartão e armazenados em câmaras de congelação a uma temperatura inferior a - 20°

C. Os aditivos presentes no surimi ajudam a manter a qualidade durante a congelação e a

armazenagem congelada, mas a perda

de qualidade é relatado no armazenamento prolongado.

8.   O rendimento é de cerca de 40% do peixe inteiro.

Produtos à base de surimi: O Kamaboko à base de surimi é preparado adicionando sal, batata, glutamato monossódico e açúcar (se necessário), um a um, ao surimi e amassando durante 15 minutos após cada adição. A massa é moldada em meios cilindros sobre blocos de madeira, cozida a vapor durante 80 a 90 minutos, arrefecida ao ar e depois embalada em celofane. O produto pode ser conservado durante uma semana no verão. Muitos produtos afins com diferentes formas, por exemplo, tubos, noodles, etc., são preparados de forma semelhante, utilizando máquinas de extrusão/formação.

Pickles de peixe e de camarão: Os pickles são preparados a partir de diferentes tipos de peixe e de marisco. Tradicionalmente, os pickles de vegetais são utilizados na Índia como um artigo pronto a servir com pratos indianos. Os pickles de peixe e de marisco são artigos não tradicionais e estão a tornar-se populares. O sal e o ácido acético são os principais ingredientes utilizados na preparação dos pickles como conservantes. As leveduras e os bolores podem sobreviver facilmente no meio ácido dos pickles e, por conseguinte, são utilizados conservantes nos pickles para uma armazenagem segura. Nos pickles, a deterioração bacteriana não constitui um problema grave, enquanto que as enzimas proteolíticas do peixe permanecem activas. Por isso, o peixe é bem cozinhado para se cuidar da ação enzimática do peixe. Dado que o pickle contém uma concentração mais elevada de ácido, a carne pode desintegrar-se devido à hidrólise ácida. Por isso, usa-se sal em quantidades suficientes nos pickles para resolver o problema da hidrólise da carne. Numa solução de ácido e sal, a carne do peixe torna-se firme.

O pickle é um produto pronto a consumir com um longo período de conservação à temperatura ambiente. Por conseguinte, deve ser preparado de forma higiénica e armazenado cuidadosamente para evitar a contaminação. Os pickles podem ser preparados com uma vasta gama de receitas, de acordo com a escolha do consumidor. Os ingredientes necessários para a preparação de pickles são pedaços de carne de peixe preparados e cortados, sementes de mostarda, malagueta verde, alho, gengibre, malagueta em pó, curcuma em pó, óleo, vinagre, sal, açúcar, benzoato de sódio como conservante. Misturar bem o peixe com sal (5% do peso do peixe) e conservar durante 2 horas. Também se pode utilizar peixe ligeiramente salgado e parcialmente seco. Fritar o peixe numa quantidade mínima de óleo e separar o peixe frito. Fritar os ingredientes como mostarda, gengibre, alho, malagueta verde, malagueta em pó e curcuma na quantidade restante de óleo durante 2 a 3 minutos em lume brando. Todas as especiarias em pó devem ser transformadas numa pasta espessa, adicionando água, e guardadas durante 15 minutos antes de serem utilizadas. Adiciona-se a quantidade necessária de sal e ferve-se a mistura. Acrescenta-se então a carne frita e mexe-se durante algum tempo. Retira-se a frigideira do lume e misturam-se bem os ingredientes durante 2 a 3 minutos e deixa-se arrefecer. Quando estiverem suficientemente arrefecidos, adiciona-se o vinagre. Acrescenta-se benzoato de sódio e mistura-se bem antes de embalar em frascos de vidro pasteurizados com tampa de rosca e armazenar à temperatura ambiente.

Snacks de carne de peixe: Os snacks são alimentos para refeições ligeiras. Geralmente não fazem parte da refeição principal, mas são alimentos consumidos entre as refeições por prazer e durante o relaxamento. Os snacks tornaram-se parte integrante da dieta da população mundial. O consumo de snacks aumentou significativamente devido à rápida urbanização e às mudanças no estilo de vida (Thakur e Saxena, 2000). Os snacks são produtos pré-cozinhados prontos a comer e contribuem para a nutrição e a ingestão de calorias dos consumidores (Weinstock, 1989). São produtos de fast food convenientes e contribuem para a nutrição e o consumo de calorias dos consumidores. As pessoas apreciam os aperitivos com bom gosto, sabor, textura agradável na boca e divertem-se a comer com suplementos nutricionais. Os snacks estão muito sujeitos à compra por impulso e ganharam popularidade, atualmente, devido a várias razões, como o crescimento da população urbana, o aumento do número de famílias nucleares, o aumento do número de mulheres trabalhadoras, a penetração dos meios de comunicação social, o aumento dos rendimentos disponíveis, a procura de crianças em idade escolar e, finalmente, a mudança do estilo de vida das pessoas (Lusas e Rhee,

1987). É o alimento de eleição das crianças em idade escolar, das raparigas adolescentes e dos grupos com elevada mobilidade. Os snacks foram classificados em produtos de primeira geração (batatas fritas convencionais e bolachas cozidas), de segunda geração (diretamente expandidos) e de terceira geração (semi, meio ou intermédios) (Harper, 1981).

Os aperitivos podem ser armazenados à temperatura ambiente sem o risco de deterioração microbiana e são, por isso, considerados estáveis, desde que a embalagem original não seja aberta. Incluem batatas fritas, palitos, caracóis, etc. Estes aperitivos não necessitam de refrigeração para serem conservados e são populares para actividades em que a refrigeração pode não estar disponível. Os critérios básicos para os snacks são a conveniência, porções manejáveis e satisfação da fome a curto prazo (Tettweiler, 1991). Muitos snacks fabricados são ricos em calorias e gordura, mas pobres em proteínas, vitaminas e outros nutrientes (Shukla, 1994). O teor proteico e o valor nutricional dos aperitivos podem ser aumentados através da adição de fontes de proteínas de alta qualidade, como o peixe, a carne de vaca e de frango, bem como leguminosas (amendoim, grama preta e milho).

Os snacks à base de carne são importantes alimentos disponíveis no mercado mundial, particularmente no Sudeste Asiático. Os snacks à base de peixe, vulgarmente designados por bolacha de peixe, são consumidos popularmente nesses países (Sunark *et al.*, 1998). É tradicionalmente produzido pela gelatinização do amido numa massa feita de farinha e peixe que é moldada, cozinhada a vapor, arrefecida, cortada, seca e embalada para venda em sacos de polietileno (Siaw *et al.*, 1985).

O mercado da indústria de snacks, incluindo alimentos semi-transformados/cozinhados e prontos a comer, era de cerca de 82,9 mil milhões de rupias em 2004-2005 e está a crescer rapidamente. O mercado indiano de snacks cresceu 40% e gerou vendas no valor de mil milhões de dólares em 2005 (MFPI, 2005). Atualmente, os principais mercados de snacks são o Canadá, o Japão, a Rússia, o México e a Bélgica. Entre os snacks, os frutos secos representam a maior percentagem de exportação, seguidos das bolachas e biscoitos, batatas fritas, milho para pipocas, snacks de carne e pretzels (Anon, 1998).

As leguminosas são uma boa fonte de proteínas suplementares e são utilizadas para produzir alimentos amplamente aceites (Martz, 1993). As leguminosas fornecem energia, proteínas, minerais, vitaminas e, o mais importante, fibras alimentares necessárias para a saúde humana. As farinhas de leguminosas e os derivados de sementes oleaginosas têm sido amplamente utilizados como aditivos em produtos à base de carne, a fim de reduzir o custo de produção e, ao mesmo tempo, melhorar a nutrição (Mc Watters, 1990). A substituição parcial da carne por feijão-frade e amendoim (Prinyawiwatul *et al.*, 1997), feijão preto (Bhat e Pathak, 2009), farinha de milho (Serdarouglu e Degirmencioglu, 2004), grama preta (Modi *et* al., 2003) foi registada com sucesso. A inclusão de leguminosas na dieta tem muitos efeitos fisiológicos no controlo e prevenção de várias doenças metabólicas, como a doença coronária e o cancro do cólon (Tharanathan e Mahadevamma, 2003).

A extrusão é a arte ou o processo de moldar forçando através de um molde. É utilizada em vários processos, como a cozedura, a expansão, a alteração da textura, a mistura e a utilização de vários ingredientes, etc. Através da tecnologia de extrusão, os cereais, os tubérculos e os seus derivados podem ser transformados em snacks, cereais de pequeno-almoço e a carne desossada pode ser firmemente comprimida e remodelada em palitos e ligações. [th]Historicamente, a cozedura por extrusão do século XIX era utilizada para moldar produtos de salsicharia. A tecnologia de extrusão tem sido amplamente utilizada para o fabrico de snacks à base de carne e farinha, misturando carne com vários produtos não cárneos, como as farinhas (Reza *et al.*, 2011).

A rápida expansão do mercado da comida rápida aumentou o desenvolvimento de produtos à base de carne e, nos últimos dias, surgiram novos produtos à base de carne. Os aperitivos à base de peixe podem revelar-se artigos valiosos para o consumidor como fonte de aminoácidos essenciais e outros nutrientes, para além de proporcionarem a possibilidade de ganhar divisas através da exportação.

Existem várias referências na literatura sobre os produtos extrudidos preparados através da incorporação de ingredientes não cárneos e de carne (Mittal e Lawrie, 1984; Alvarez *et al.*, 1990). No nosso país não se encontram disponíveis no mercado snacks à base de carne de peixe; mais informação sobre snacks de peixe é mais ou menos inexistente na literatura. A utilização de certas proteínas de leguminosas, como a farinha de amendoim e a grama preta, na formulação de snacks de peixe melhoraria as características nutricionais e poderia proporcionar propriedades funcionais superiores ao produto. Assim, as perspectivas de desenvolvimento de novos produtos à base de carne, como os snacks de carne de peixe, podem encontrar uma popularidade crescente na indústria alimentar, particularmente em estabelecimentos de fast food.

Escabeche de amêijoa: Depois de recolhidas no centro de desembarque, as amêijoas vivas são armazenadas em água do mar limpa durante 16 a 24 horas e deixadas a depurar. A amêijoa é depois cuidadosamente lavada com 10 ppm de cloro disponível e descascada. A carne é cuidadosamente lavada com água potável e, em seguida, escaldada em salmoura a 6% em ebulição durante 5 minutos. A carne escaldada é bem escorrida num recipiente perfurado e depois frita em óleo até ficar castanha. As carnes fritas são mantidas separadas e procede-se como nos outros casos.

Para a preparação dos pickles, é necessário ter em conta os seguintes pontos

1. O produto deve ser coberto com uma camada de óleo, o que impedirá eficazmente o contacto do conteúdo com o ar e o protegerá contra bactérias provenientes de fontes externas.

2. Utilizar matérias-primas frescas para os pickles.

3. O sal em pó com baixo teor de cálcio deve ser utilizado nos pickles. Caso contrário, um teor de cálcio mais elevado endurecerá a textura, para além de afetar o sabor.

4. Especiarias em pó a utilizar para melhorar o sabor.

5. Benzoato de sódio a utilizar para controlar o desenvolvimento de bolores.

Perspectivas futuras de adição de valor: Existe uma grande procura de produtos do mar e de produtos à base de marisco prontos a consumir. Alguns destes produtos diversificados já entraram nos mercados ocidentais. Os factores responsáveis pela popularidade dos produtos de valor acrescentado são a tendência crescente para o emprego das mulheres no contexto da transição para a norma da família pequena, o aumento do rendimento e do poder de compra, a educação, a sensibilização e a consciência em relação à higiene e à saúde e a maior ênfase nas actividades de lazer, etc. A comercialização de produtos de valor acrescentado é completamente diferente do comércio tradicional de produtos do mar. É dinâmica, sensível, complexa e muito dispendiosa. Os estudos de mercado, a embalagem e a publicidade, juntamente com outros factores, determinam a aceitação do consumidor e o êxito da comercialização de um novo produto. A maioria dos canais de mercado atualmente utilizados não é adequada para o comércio de produtos de valor acrescentado. Um canal adequado emergente seria o das cadeias de supermercados que pretendem abastecer-se diretamente na fonte de abastecimento. O aspeto, a embalagem e a exposição são factores importantes para o êxito da comercialização de qualquer novo produto de valor acrescentado. A embalagem para venda a retalho deve ser limpa, nítida e clara, e fazer com que o conteúdo pareça atraente para o consumidor. O consumidor deve ter confiança para experimentar os novos produtos lançados no mercado. Os requisitos de embalagem mudam consoante a forma do produto, o grupo-alvo, a área de mercado, as espécies utilizadas, etc. A embalagem deve também manter-se a par dos últimos desenvolvimentos tecnológicos. Poderia ser produzido um grande número de produtos marinhos de valor acrescentado e diversificados, tanto para exportação como para o mercado interno, à base de camarão, lagosta, lula, choco, bivalves, certas espécies de peixe e carne picada de peixe de baixo preço.

PRODUTOS À BASE DE CARNE ENVOLTOS EM GORDURA:

A cobertura é um processo em que os alimentos são tradicionalmente revestidos com materiais comestíveis sob a forma de massa, o que preserva e melhora a qualidade dos alimentos. A massa é a mistura de água, farinha, amido e condimentos em que os produtos alimentares são mergulhados antes de serem cozinhados. O empanado é uma mistura seca de farinha, amido e condimentos, de natureza grosseira, aplicada a produtos alimentares humedecidos ou empanados antes da cozedura. O revestimento é a massa e/ou o empanado que adere a um produto alimentar após a cozedura.

As provas relativas à aplicação de revestimentos e películas protectoras e comestíveis aos produtos alimentares para aumentar o seu prazo de validade não são novas. [thth]O revestimento de laranjas e limões frescos com cera para minimizar a dessecação era praticado na China nos séculos XII e XIII (Hardenberg, 1967). Havard e Harmony (1869) propuseram a conservação de carnes e outros alimentos através do revestimento com gelatina. Mas, de acordo com Guilbert (1986), o revestimento de alimentos com cera e gelatina foi desenvolvido já no século XVIII. Nos anos 30, os citrinos eram revestidos com ceras de parafina fundidas a quente para retardar a perda de humidade e, nos anos 50, os frutos e legumes frescos eram revestidos com cera de carnaúba - emulsão de óleo em água (Kaplan, 1986). Nos últimos anos, tem-se trabalhado na utilização de películas e revestimentos comestíveis para prolongar o prazo de validade e a qualidade dos alimentos frescos, congelados e fabricados. Várias proteínas, polissacáridos e lípidos têm sido utilizados, em combinação ou isoladamente, para produzir revestimentos e películas nos produtos alimentares. O revestimento elimina a monotonia de alguns produtos e torna-os atractivos em termos de aparência (Elston, 1975). Dá mais prazer ao comer (Vickers e Bourne, 1976), e produz uma cor mais desejável (Libby, 1963; Elston, 1975). O revestimento actua como um selante e ajuda a retardar o fluxo dos sucos naturais para fora do produto (Libby, 1963). O revestimento também evita a perda de humidade e de peso (Dawson *et al.,* 1962; Harris e Lee, 1974; Love e Goodwin, 1974). Também aumenta a suculência e a tenrura (Suderman, 1979). O agente espessante na mistura de envoltório afecta a aparência (Hanson e Fletcher, 1963). O valor nutricional do produto alimentar aumenta (Elston, 1975) devido à incorporação de alguns ingredientes, bem como protege o produto do contacto direto com o meio de cozedura e da perda de humidade. Landes e Blackshear (1971) referiram que a cor do produto revestido depende da temperatura de cozedura, do tempo de cozedura, do material de revestimento, da composição, etc. O revestimento retarda a perda de peso e o crescimento bacteriano (Dawson *et al.* 1962). O revestimento de produtos à base de carne é um método de adição de valor que aumenta a aceitabilidade dos produtos à base de carne. O revestimento acrescenta numerosas vantagens aos produtos à base de carne, tais como a adição de valor a baixo custo (Jessup, 1981), a versatilidade para os consumidores e a melhoria do valor nutritivo, do aspeto do produto, da cor, da crocância, do sabor, da suculência, bem como das qualidades alimentares e microbianas dos produtos (Cunningham, 1989). Os derivados da celulose têm excelentes propriedades de formação de película, uma vez que controlam a migração de humidade, gás e hidrocarbonetos dos alimentos (Park e Chinnan, 1990). Melhoram a textura do produto, tornando o uma via para o acréscimo de valor, uma melhor aceitação pelo consumidor, preservando o valor nutritivo, reduzindo a humidade e a perda de peso, e melhorando a suculência, o sabor e a tenrura. Os revestimentos comestíveis são amigos do ambiente sem efeitos negativos, uma vez que preservam o sabor de alguns alimentos frescos (Guilbert *et al.,* 1996). Ao retardar a oxidação da gordura e a perda de humidade dos produtos à base de carne, o revestimento melhora o prazo de validade dos produtos à base de carne. Além disso, diminui a absorção de óleo ao reduzir a perda de água durante a fritura.

O revestimento também melhora a textura, o sabor, o aspeto estético, o peso e o volume dos alimentos (Xue e Ngadi, 2007).

Vantagens da salga: A enrobagem elimina a monotonia de alguns produtos alimentares e torna-os mais atractivos em termos de aparência e de sabor. Melhora o valor acrescentado dos produtos. Confere aos produtos uma textura estaladiça, aumenta o prazer de comer com uma cor mais desejável. O revestimento actua como selante, impedindo que os sumos naturais escorram. O revestimento não só evita a perda de humidade e de peso, como também melhora a suculência e a tenrura. O revestimento contribui para o valor nutricional dos produtos alimentares. Limita o crescimento bacteriano. Reforça a estrutura dos alimentos, inibe a oxidação e prolonga o prazo de validade. O enrobing actua como barreira selectiva contra a transmissão de gases (O_2 & CO_2), vapores de água e solutos, resultando na redução da oxidação lipídica e da perda de humidade.

Ingredientes para o recheio: Diferentes farinhas como a de grama de Bengala, lentilhas, trigo e milho, amido, flocos de milho contribuíram para uma melhor textura e estaladiço do recheio.

produtos. As proteínas de origem vegetal e animal são amplamente utilizadas para a cobertura de carne e produtos à base de carne. Incluem o leite em pó, a fração proteica do leite, a albumina de ovo, o leite em pó desnatado, as farinhas de cereais, as proteínas de sementes, etc. O leite desidratado sem gordura tem sido utilizado para - Aumenta a capacidade de absorção de água da farinha e a viscosidade do sistema.

- Melhora a qualidade da cozedura do produto à base de carne.

- Reforça a textura do produto e melhora a textura.

- Retardar a perda de humidade.

- Melhorar a cor da crosta e o desenvolvimento do sabor.

As proteínas do ovo formam a estrutura e actuam como espessantes. As proteínas de sementes e as proteínas de soja são amplamente utilizadas como ingredientes de enrobagem devido às suas propriedades funcionais que melhoram a capacidade emulsionante, a estabilização da emulsão, a absorção de gordura e de água. Gordura e óleos hidrogenados: São uma fonte rica de vitaminas lipossolúveis e contribuem para o sabor e a palatabilidade, bem como para a sensação de saciedade após a refeição. As gorduras curtas contribuem para a qualidade tenra de um produto cozido através da sua ação lubrificante. Água: É utilizada para fazer a suspensão da massa e ajuda na aderência do grânulo à superfície do produto. A relação entre a água e o sólido é importante, uma vez que afecta a adesão e a viscosidade. Isto afecta a quantidade de revestimento nos alimentos, a sua espessura, a capacidade da máquina e o tempo de secagem. Tempero: Inclui açúcar, sal, pimenta, paprica e muitas outras espécies, cuja utilização depende do sabor desejado. Algumas especiarias funcionam como antioxidantes e proporcionam sabores específicos. O colorau confere uma cor rosada agradável e é utilizado quando os produtos se destinam a ser congelados e aquecidos em fornos micro-ondas ou cozidos em condições em que ocorre pouco escurecimento.

a. Farinhas: Nos últimos anos, o revestimento de produtos à base de carne é efectuado utilizando materiais de revestimento mais baratos, nomeadamente, pectina e grama de Bengala (Chidanandaiah e Keshri, 2007), grama de Bengala e farinha de arroz (Chidanandaiah e Keshri, 2006), farinha de ervilha (Para etal.), farinha de grama verde (Para et al.), farinha de feijão preto (Para et al.). Vários polissacáridos (farinha de grama verde, farinha de grama de Bengala, farinha de milho, farinha de ervilha, farinha de feijão preto, farinha de trigo, etc.) têm uma propriedade definida na mistura da massa e proporcionam estabilidade, consistência e ação emulsionante, interagindo com eles próprios ou com outros ingredientes. Assim, estes ajudam a dar uma forma, textura e prazo de validade adequados aos produtos alimentares envolvidos (Suderman, 1979). Os polissacáridos solúveis em água de cadeia longa presentes nas farinhas dissolvem-se e dispersam-se na água e conferem um efeito espessante ou de aumento da viscosidade (Glicksman, 1982). Têm várias funções, tais como proporcionar dureza, compacidade, crocância, espessura, viscosidade, capacidade de formação de gel e sensação na boca (Whistler e Daniel, 1990). Têm um custo baixo, estão amplamente disponíveis e não são tóxicos (Whistler, 1991). Os compostos à base de polissacáridos têm diferentes capacidades de produção de cor (Hanson e Fletcher, 1963). A farinha de trigo produziu uma cor castanha acinzentada, o milho amarelo uma cor amarela esverdeada e a mistura de farinha de milho produziu revestimentos castanhos brilhantes. As características da massa são influenciadas pelos constituintes da farinha. Gamble *et al.* (1987) registaram uma relação linear entre a absorção de óleo e a remoção de água. Os constituintes humidade, proteína, amilose e amilopectina presentes na mistura da massa estão positivamente correlacionados com a elasticidade, a expansão linear, a absorção de óleo e a crocância dos produtos fritos (Mohamed *et al.*, 1998). Mas Gamble e Rice (1988) referiram que a absorção de óleo também é influenciada por alguns outros factores, como a qualidade do óleo, a temperatura, o tempo de fritura, a forma, a composição, a porosidade, os revestimentos, o teor de humidade, etc. Para além dos polissacáridos, as farinhas contêm também um constituinte importante, as proteínas. As proteínas melhoram a aderência da massa. Krull e Inglet (1971) referiram que o carácter elástico e coesivo do glúten, constituinte da farinha de trigo, melhora a aderência da massa aos produtos à base de carne, o que se deve às ligações dissulfureto dos aminoácidos com enxofre, ligados à cadeia polipeptídica. A zeína presente na farinha de milho é conhecida por ter uma capacidade típica de formar revestimentos resistentes, brilhantes e resistentes à gordura. Os revestimentos de zeína em carnes de nozes assadas e salgadas diminuíram a sua suscetibilidade à rancidez oxidativa e prolongaram o seu prazo de validade 3-5 vezes (Alikonis e Cosler, 1961).

b. Carboximetilcelulose (CMC): A carboximetilcelulose é o derivado de celulose mais importante para aplicações alimentares (Sanderson, 1981). A CMC reage com as proteínas, forma um complexo com a caseína que provoca um grande aumento da viscosidade (Keller, 1984). Como plastificante, forma uma forte película resistente ao óleo que mantém a textura original, a firmeza e a crocância do produto (Mason, 1969). A CMC retarda a respiração anaeróbica do produto (Lowings e Cutts, 1982). Os alimentos revestidos à base de CMC têm um prazo de validade mais longo, preservando o sabor importante de alguns produtos frescos (Smith e Stow, 1984; Banks, 1985; Nisperos-Cariedo *et al.*, 1990). A CMC incorporada na massa melhorou as propriedades de aderência da mistura de massa para rissóis e nuggets de aves (Hsia *et al.*, 1992). Balasubramaniam *et al.* (1997) relataram que o revestimento de hyroxymethylcellulose para bolas de frango reteve a humidade até 16% e a gordura foi reduzida até 33,7% durante a fritura em óleo de amendoim a 175°C. Albert e Mittal (2002) referiram que os melhores materiais de revestimento para a redução da absorção de gordura na fritura do produto são os isolados de proteína de soro de leite, os isolados de proteína de soja, a metilcelulose e os materiais menos adequados são o glúten de trigo, a gelatina e os caseinatos.

c. Água: A água é um componente importante que ajuda na adesão do panado à superfície do produto alimentar, ajudando assim a formar uma melhor suspensão. Cunningham e Tiede (1981) referiram que é a relação entre a água e os sólidos que determina a aderência e a espessura da massa e afecta a quantidade de revestimento do produto, a espessura e o tempo de fritura. A água reage com as proteínas e os polissacáridos, pelo que a quantidade de água na mistura de massa determina a sua capacidade estrutural.

d. Condimentos: Os condimentos como o sal, o açúcar, a pimenta e várias outras especiarias são adicionados aos produtos à base de carne para melhorar a sua qualidade. O sal aumenta o sabor dos produtos alimentares. Descobriu-se que o açúcar tem efeitos plastificantes para os produtos alimentares, realça o sabor e dá cor (Morgan, 1971). As especiarias também têm propriedades antioxidantes e antimicrobianas. Babka *et al.* (1993) descreveram o processo de fritura de frango depois de pré-polvilhado, batido e empanado com uma absorção mínima de óleo. Bognar (1998) referiu que a absorção de gordura pela carne, aves de capoeira e peixe era menor na fritura em gordura profunda do que na fritura em frigideira. Também referiu que, na fritura em gordura funda, há uma maior retenção de proteínas, hidratos de carbono, minerais e vitaminas B1, B2, B6 e C, em comparação com a cozedura a vapor, a fervura ou a estufagem.

e. Glicerol, líquido de ovo inteiro, alginato, etc.

Tipos de massas de pastelaria Massa de pastelaria convencional (sem fermento): Existem dois tipos principais de massas convencionais. Um deles é a massa à base de farinha de trigo, que se mistura facilmente com a água e, aparentemente, permanece numa solução durante um longo período de tempo. Estes materiais são facilmente manuseados num aplicador mecânico de massa. O segundo tipo é a massa à base de farinha de milho. Esta assenta facilmente e altera a espessura da massa, resultando numa recolha desigual. A mistura contínua é essencial para manter os sólidos em suspensão quando são utilizadas massas à base de milho.

Métodos de revestimento: Os produtos à base de carne podem ser revestidos por métodos de imersão ou de pulverização (Guilbert *et al.*,1996). No método de revestimento por imersão, os produtos à base de carne são mergulhados na mistura de massa formulada, o que ajuda a formar um revestimento mais espesso e suave sobre os produtos. No método de pulverização, formam-se revestimentos mais finos e irregulares nos produtos à base de carne, uma vez que a massa é pulverizada manualmente sobre os produtos, depositando a película diretamente sobre os mesmos.

Preparação de produtos à base de carne envoltos

a. Massa: Uma mistura de farinha de cereais (trigo ou milho) e pasta de lentilhas (grama verde, grama preta e grama de bengala) com especiarias e condimentos. A mistura da massa é misturada corretamente antes de os produtos à base de carne serem mergulhados nela. O revestimento uniforme é efectuado por métodos de imersão ou pulverização na superfície dos produtos.

b. Cozedura: O manual de serviço alimentar (American Hospital Association, 1972) sugeria uma cozedura de 8-14 minutos a 174°C para pedaços grandes e 7-10 minutos a 185°C para pedaços pequenos de frango. No entanto, na maioria das operações de frango frito, a temperatura varia entre 163°C e 184°C e o tempo varia entre 7-15 min.

c. Acondicionamento: Os produtos embalados são arrefecidos e depois armazenados em sacos de polietileno. Estes são armazenados no frigorífico (4±1⁰ C) para avaliação dos parâmetros físico-químicos e sensoriais.

Massa: Pão de ló: miolo de pão de ló/pó de bolacha, flocos de milho.

PRODUTOS CÁRNEOS FERMENTADOS
Introdução

A fermentação é um processo antigo que tem sido utilizado para prevenir alimentos e este processo é amplamente praticado na indústria da carne como um método de preparação e conservação da carne. A fermentação é um processo único, originalmente utilizado para prolongar o prazo de validade de matérias-primas perecíveis. Bactérias como *Lactobacillus, Staphylococcus* e *Micrococcus*, desempenham o papel mais significativo neste processo microbiano bem conhecido. Além disso, diferentes tipos de leveduras e bolores são também utilizados na produção de alguns produtos fermentados especiais. Durante o processo de fermentação ocorrem reacções bioquímicas e físicas complicadas que resultam numa alteração significativa das características iniciais. Além disso, a produção de substâncias aromáticas durante a fermentação define as características sensoriais do produto final que são significativamente diferentes das matérias-primas utilizadas. Os produtos cárneos produzidos com esta técnica são maioritariamente aceites pelos consumidores. A fermentação é um método simples e económico de conservação da carne e dos produtos à base de carne. Tem a vantagem adicional de criar produtos específicos com bom aroma. A produção de ácido (redução do pH), a produção de H_2O_2 e as bacteriocinas produzidas isoladamente ou em combinação por culturas de arranque são responsáveis pela prevenção do crescimento de agentes patogénicos de origem alimentar e de microrganismos de deterioração na carne. A procura da utilização de técnicas de fermentação na carne foi reavivada, uma vez que existe atualmente uma restrição à utilização de aditivos químicos para a conservação da carne e dos produtos à base de carne. A fermentação é um processo biológico natural que pode ser facilmente adotado nos países em desenvolvimento onde não existem instalações de refrigeração. A fermentação da carne é um fenómeno biológico complexo acelerado pela ação desejável de certos microrganismos na presença de uma grande variedade de espécies concorrentes ou que actuam em sinergia, adquiridas principalmente da carne. O enchido curado a seco é uma das formas mais antigas de conservação da carne e é típico dos países mediterrânicos de clima seco (Espanha, Itália, França, Portugal e Turquia). Em contrapartida, os enchidos curados pelo fumo ou os enchidos cozinhados prevalecem nos países de clima mais frio. Em geral, sabe-se que as características qualitativas dos enchidos fermentados naturalmente dependem em grande medida da qualidade dos ingredientes e das matérias-primas, das condições específicas de transformação e maturação e da composição da população microbiana. Uma vez que se demonstrou que diferentes géneros e espécies, e até mesmo estirpes, afectam significativamente as características sensoriais dos enchidos fermentados, a ecologia microbiana dos enchidos fermentados tem vindo a adquirir um interesse crescente nas últimas décadas.

Origem: Fermentação é um termo utilizado pela primeira vez em relação à formação de espuma que ocorre durante o fabrico de vinho e cerveja. O processo remonta a pelo menos 6.000 a.C., quando os egípcios fabricavam vinho e cerveja por fermentação. Da palavra latina fermentare, fazer crescer.

Os enchidos fermentados tiveram possivelmente origem na região mediterrânica (Espanha, Itália, França, Portugal e Turquia) durante o período romano. Certos produtos fermentados, como o salame milanês e o salame húngaro, tiveram sucesso durante séculos. O processo de fermentação foi efectuado ao longo dos séculos sem qualquer informação científica sobre a forma dos processos envolvidos na fermentação dos produtos à base de carne.

Princípio da fermentação da carne: Tradicionalmente, a fermentação da carne baseava-se na utilização da flora natural, incluindo o "back-slopping", ou a adição de uma salsicha fermentada anterior bem sucedida. Foi estabelecido desde cedo que o crescimento de um ecossistema adequado é um pré-requisito para a segurança e organoléptica, bem como para a nutrição de tais produtos. Atualmente, a maioria dos enchidos fermentados é produzida por meio de fermentos microbianos, geralmente de *Lactobacilos* e *Micrococcaceae*, uma vez que esta combinação proporciona uma acidulação promp e um desenvolvimento ótimo do sabor. A produção de ácido (redução do pH), a produção de H_2O_2 e as bacteriocinas produzidas individualmente ou em combinação por culturas de arranque são capazes de inibir o crescimento de agentes patogénicos de origem alimentar e de microrganismos de deterioração na carne. A fermentação da carne é acelerada pela ação sedutora de certos microrganismos na presença de uma grande variedade de espécies concorrentes ou que actuam em sinergia, adquiridas principalmente a partir da carne. Em geral, sabe-se que as características qualitativas dos enchidos fermentados naturalmente dependem em grande medida da qualidade dos ingredientes e das matérias-primas, da qualidade específica da transformação, da maturação e da constituição da população microbiana. Considerando que diversos géneros e espécies, e mesmo estirpes, têm demonstrado alterar significativamente as características sensoriais dos enchidos fermentados, a ecologia microbiana dos enchidos fermentados tornou-se uma preocupação crescente nas últimas décadas.

Fermentadores utilizados para a fermentação: A carne está, na maior parte das vezes, sujeita a deterioração pelo crescimento de vários microrganismos. Enquanto estes microrganismos deteriorantes não são aceitáveis na carne crua e nos produtos à base de carne, certos tipos de microrganismos fermentativos, especialmente as BAL, quer existam na carne crua naturalmente ou adicionados pelos produtores, são utilizados para a produção de produtos à base de carne fermentados. Estes microrganismos desejáveis adicionados à massa de carne são designados por culturas de arranque e podem ser uma única espécie ou a mistura de certos microrganismos. Os principais grupos de microrganismos utilizados como fermentos são brevemente descritos a seguir.

Bactérias do ácido lático (LAB): Os lactobacilos são sobretudo microrganismos competitivos que se encontram normalmente em produtos de carne fermentados e são também componentes essenciais de culturas de arranque. O principal metabolismo energético destas bactérias é a dissimilação do açúcar em ácido orgânico, através das vias da glicólise e da fosfocetolase. Embora as hexoses sejam a fonte de energia, o ácido lático é o principal produto final da fermentação. *L. sakei* é a espécie predominante nos produtos de carne fermentados e a sua adoção como cultura de arranque para a produção de salsichas é generalizada.

Micrococcacceae: Embora as Micrococcaceae sejam repetidamente mencionadas como Nos componentes das culturas de arranque de carne, este termo refere-se geralmente a membros do género Staphylococcus, que pertencem à família Staphylococcaceae. Em condições anaeróbicas, o principal produto final é o ácido lático, embora também se formem acetato, piruvato e acetoína. Estes organismos mostram a capacidade de sobreviver ao stress ambiental, como o sal elevado e as baixas temperaturas, encontrados durante a fermentação da carne.

Pediococos: Os Pediococos são bactérias gram-positivas do ácido lático, com forma de cocos, que apresentam a caraterística distintiva da formação de tétrades, através da divisão celular em duas direcções perpendiculares num único plano. Os Pediococos apresentam um metabolismo homofermentativo em que o ácido lático é o principal produto final do metabolismo

Leveduras: As leveduras podem crescer a valores de pH, atividade da água e temperatura habituais nos enchidos fermentados. *Debaryomyces hansenii* tem sido encontrada como a levedura predominante em enchidos fermentados. Esta levedura cresce preferencialmente na zona exterior do enchido devido ao seu metabolismo aeróbico.

Bolores: Entre os fermentos que podem ser considerados seguros e eficazes, o *P. nalgiovense* tem sido frequentemente isolado na superfície de produtos de carne curados como uma "espécie domesticada" do *P. chrysogenum*. Atualmente, é utilizado por rotina como cultura de arranque em muitas produções tradicionais, pelo que está frequentemente presente no ar dos ambientes. Para além de P. nalgiovense, várias estirpes de *P. gladioli* são geralmente consideradas aceitáveis, uma vez que não são toxinogénicas e resultam num sabor e aspeto desejáveis devido à cor cinzenta do micélio.

Exemplos de produtos de carne fermentada: Existem centenas de formulações diferentes para produtos de carne fermentada em todo o mundo. Em cada país, é possível encontrar diferentes nomes e diferentes processos e a maioria deles é tradicional do país. Sucuk (Turquia), Salame húngaro, Kantwurst (Áustria), Lup cheong (China), Salame de Milão (Itália), salsicha de verão (EUA), salame aeros (Grécia), Chouriço (México, Espanha), Salchichon (Espanha), Fuet (Espanha) e Pepperoni (Canadá, EUA) são exemplos bem conhecidos de produtos de carne fermentada

Perspectivas futuras: A saúde e a deterioração serão o foco central da investigação no futuro e uma perceção proeminente dos mecanismos geológicos beneficiará tremendamente. As câmaras de fermentação de fácil controlo são aconselháveis e estão a ganhar popularidade para controlar com precisão as condições ambientais durante o processamento. Estes microrganismos geneticamente modificados têm um potencial promissor para aumentar a segurança e a qualidade dos alimentos, mas devem ser avaliados caso a caso. A aceitação de produtos de carne fermentada em outros produtos alimentares internacionais parece estar a ganhar popularidade. Na engenharia genética, a utilização de culturas de arranque recentes para produtos de bioaminas e desenvolvimento de produtos é uma nova área. No futuro, através da utilização da engenharia genética, poderemos obter uma produção e uma atividade superiores de protease, lipase, catalase e nitrato redutase microbianas. Com os progressos registados no passado e os possíveis desenvolvimentos futuros, o futuro parece luminoso para os produtos de carne fermentada. Por outro lado, os esforços estão distantes das inter-relações prudentes que provam a microbiologia, a tecnologia e os factores externos necessários no processo solitário de fermentação e maturação.

CARNES CURADAS E FUMADAS

Todos os produtos de carne pertencentes a esta classe são curados, enquanto apenas alguns são fumados. Os cortes primários de carne de porco, especialmente o presunto e o toucinho, são submetidos a cura e fumagem há muito tempo. Hoje em dia, é prática geral realizar a cozedura também durante a fumagem, exceto no caso do presunto do campo, que é fumado sem cozedura.

Transformação comercial de presunto

A cura é geralmente efectuada por bombagem em artéria ou por bombagem em ponto até 10% do peso verde. No entanto, os melhores resultados em termos de cor e sabor são obtidos mantendo os presuntos numa salmoura coberta a 40°C durante 5 dias. Os presuntos são agora transferidos para a câmara de fumagem, que é mantida a uma temperatura de 75-850C e a uma humidade relativa de 30-40% durante 5-6 horas. Para obter bons resultados, é preferível o fumo produzido por madeira de folhosas.

Presunto cozido: Estes presuntos são desossados e curados na salmoura, mas não são fumados. Em vez disso, estes presuntos são enchidos firmemente em moldes metálicos e cozinhados num tanque de água a 75-850C durante 2-3 horas, dependendo do peso do presunto. Durante a cozedura, a temperatura interna deve atingir 65-700C. Após a cozedura, os presuntos moldados são arrefecidos num tanque mantido a 00C durante 12 horas. Estes presuntos são então cortados e embalados.

Presunto do campo: Estes presuntos não cozinhados são fabricados nos EUA pelo método de cura a seco. A mistura de cura contém geralmente 8 kg de sal, 1 kg de açúcar e 100g de nitrito de sódio. É esfregada cuidadosamente à razão de 30g por kg de presunto no 1º, 5º e 10º dia. Todo o programa de produção está dividido em três fases;

(a) A cura é efectuada sob refrigeração a uma humidade relativa de 70-90% durante 30-40 dias, durante os quais os presuntos são revistos pelo menos três vezes,

(b) A fumagem é efectuada a baixa temperatura durante 2-3 dias até os presuntos adquirirem uma cor âmbar e

(c) O envelhecimento é feito durante 6-9 meses a uma temperatura de 20-300C e uma humidade

relativa de 50-60%.

Durante este período, os presuntos Country tornam-se progressivamente mais duros e

desenvolvem um sabor único. Estes presuntos têm um nível final de sal de 4-5% e um teor de

humidade de 50-60%. A perda de contração durante a transformação é de 18-20%.

Proscicutto: Estes presuntos são fabricados em Itália a partir de presuntos certificados sem triquinas

e são tradicionalmente consumidos sem serem cozinhados. São curados a seco como os presuntos

do país. A cura prossegue durante 45 dias a 40 °C, seguida de fumagem durante 2 dias a 550 °C e,

finalmente, de envelhecimento durante 30 dias a 200 °C, com uma humidade relativa de 65-75%.

Durante todo o processo de transformação, regista-se uma diminuição de 35% do peso.

Bacon

A barriga de porco é geralmente transformada em toucinho curado e fumado. Não existem critérios

fixos para a classificação do toucinho. No entanto, muitos transformadores classificam-nos com

base no peso das barrigas verdes.

Transformação comercial de bacon

As barrigas verdes são primeiramente limpas da casca e o ponto é bombeado com um pickle de

cura. São agora transferidos para uma câmara de fumagem mantida a uma temperatura de 60-650C

e a uma humidade relativa de 30-40% para serem fumados e cozinhados. O tempo de cozedura

depende do tamanho das barrigas, embora deva ser atingida uma temperatura interna de 550C. A

cozedura também ajuda a estabilizar a cor curada. Após a fumagem e a cozedura, o bacon é

arrefecido a 00C para manter a sua forma correcta e facilitar o corte. Estas placas de bacon são

processadas numa máquina de moldagem para obter uma largura e espessura uniformes. Os blocos

de bacon não são cortados com uma espessura de 5-7 mm com a ajuda de um cortador. As fatias podem ser embaladas numa atmosfera modificada se se pretender um armazenamento a longo prazo. São inevitáveis algumas variações na transformação do bacon nos diferentes países. O bacon canadiano não é fabricado a partir da barriga, mas sim dos músculos maiores do lombo e do lombo de porco. Na Europa e no Reino Unido, o bacon de Wiltshire é produzido a partir de partes laterais do porco, em que a pá, o lombo, o presunto e a barriga são transformados numa única peça grande.

SAUSAGENS

Os enchidos são um dos produtos de carne prontos a consumir mais populares e convenientes disponíveis em todo o mundo. Normalmente, a salsicha é formada por um invólucro tradicionalmente feito de tripas de animais de criação, mas por vezes sintético, produzindo a forma cilíndrica caraterística utilizando carne moída e frequentemente sal, ervas e especiarias. A palavra *salsicha* deriva da palavra latina *salsus*, que significa salgado. O fabrico de enchidos é uma técnica tradicional de conservação de alimentos que utiliza técnicas de cura, secagem ou fumagem. Alguns *enchidos* são cozinhados durante a transformação e o invólucro pode ser retirado posteriormente. *O enchido* é um dos alimentos mais antigos conhecidos pela humanidade, preparado através da utilização de tecidos e órgãos, tais como restos, carnes de órgãos, sangue e gordura, que são comestíveis e nutritivos mas não são particularmente apelativos, numa forma que permite a sua conservação. Os primeiros seres humanos fizeram a primeira salsicha, enchendo o estômago com intestinos assados. Já em 589 a.C., foi mencionado um enchido chinês (*lachang*) constituído por carne de cabra e de borrego. As provas sugerem que *os enchidos* já eram populares tanto entre os antigos gregos e romanos como, muito provavelmente, entre as tribos analfabetas que ocupavam a maior parte da Europa. Basicamente, as pessoas que viviam em determinadas zonas desenvolveram os seus próprios tipos de enchidos e esses enchidos ficaram associados a essa zona. Por exemplo, a Bolonha é originária da cidade de Bolonha, no Norte de Itália, *as salsichas de* Lyon são originárias de Lyon, em França, e *as salsichas de* Berlim são originárias de Berlim, na Alemanha. Os enchidos são económicos também porque são geralmente preparados a partir de cortes de carne mais baratos e de subprodutos da indústria.

Classificação

Os enchidos são um número tão grande de tipos de produtos variados que não é possível abrangê-los em qualquer sistema de classificação. Existe sempre alguma sobreposição. Alguns dos sistemas de classificação mais populares são:

i. Com base no grau de picagem: a. Salsicha moída grosseiramente

b. Salsicha de tipo emulsão

ii. Com base no teor de humidade: a. Salsicha fresca

b. Chouriço cru fumado

c. Chouriço cozido

d. Enchidos secos e semi-secos

iii. Baseado na fermentação: a. Salsicha fermentada

b. Enchidos não fermentados

Etapas de processamento

i. Moagem ou trituração A carne magra e a gordura são trituradas separadamente numa picadora de carne.

A escolha da placa picadora ou da peneira depende do tipo de carne.

ii. Mistura A carne e a gordura a utilizar para a preparação do enchido moído grosso são misturadas uniformemente numa misturadora. O extensor, os condimentos e as especiarias também devem ser passados na misturadora para uma distribuição uniforme.

iii. Picar e emulsionar Para a preparação da emulsão, a carne magra é primeiro picada durante alguns minutos numa picadora com sal para extrair as proteínas miofibrilares. Segue-se a adição de gordura e o funcionamento durante alguns minutos para obter a consistência de emulsão desejada. Agora, todos os outros ingredientes são adicionados e o picador funciona durante algum tempo para uma distribuição uniforme. Toda a operação é efectuada a baixa temperatura através da adição de flocos de gelo em vez de água refrigerada.

iv. Recheio A emulsão ou massa de salsicha é levada para a máquina de recheio para extrusão em tripas. As tripas são primeiro recolhidas na buzina ou bocal de enchimento e libertadas para coincidir com a extrusão.

v. Ligação e atadura Nos enchidos pequenos, a massa envolvida é torcida manual ou mecanicamente para produzir ligações, ao passo que nos enchidos grandes, a massa envolvida é atada com fio a intervalos regulares.

vi. Fumagem e cozedura Os elos de salsicha são pendurados no carrinho do fumeiro e transferidos para o fumeiro. A temperatura do fumeiro é geralmente mantida entre 68 e 700 °C, o que é suficiente para a coagulação da emulsão de enchidos, a cozedura e a secagem necessária dos enchidos.

vii. Refrigeração O produto cozinhado é regado com água gelada até atingir uma temperatura interna de cerca de 40C.

viii. Descasque e embalagem Embora os invólucros artificiais ou sintéticos sejam retirados antes de o produto ser embalado, os invólucros naturais de pequenas dimensões não precisam de ser removidos. O produto é geralmente embalado por unidade para os pontos de venda a retalho.

Outros exemplos de enchidos populares

Bolonha: é um enchido de tipo emulsão preparado a partir de carne de animais velhos

Cachorro-quente: É uma salsicha bastante picante em tripas mais largas, geralmente de ervas daninhas na Índia.

Mortadela: É um enchido seco preparado em tripa de bexiga de vaca ou em tripa artificial mais larga.

REFERÊNCIAS

Akoh, C. C. 1998. Substituto de gordura. Tecnologia Alimentar, 52(3): 47-53

Albert, S. e Mittal, G. S. 2002. Avaliação comparativa de revestimentos comestíveis para reduzir a absorção de gordura em produtos de cereais fritos. *Food Research International,* 35(5): 445-458.

Alikonis, J. J. e Cosler, H. B. 1961. "Extensão do prazo de validade de penuts torrados e salgados". *Peanut Journal of nutritional World,* 40(5): 16-20.

Alverz, V. B. Smith, D. M. Mrghan, R. G. e Booren, A. M. 1990. Reestruturação de frango desossado mecanicamente e aglutinantes não cárneos em extrusora de duplo filamento. Journal of food science, 55: 942-945.

Anon. 1998. An interview with Mc Cormick on trends in the snack food industry. Cereal food world, 43(2): 60-65.

Babka, J. R., Kvedoras, D.P., e Park, C. Y. 1993. Processo de fritura de frango. Patente dos Estados Unidos, US 5 262 185, US 845735 (19920302).

Balasubramaniam, V. M. Chinnan, M. S. Mallikarjunan, P. e Phillips R. D. 1997. The effect of edible film on oil uptake and moisture retention of deep fat fried poultry product. *Journal of Food Process Engineering,* 20(1):17-19.

Banks, N. H. 1985. Modificação da atmosfera interna em maçãs com revestimento prolongado. *Ata Hortic,* 157: 105-107.
Beecher G.R. 1999. Papel dos fitonutrientes no metabolismo: Efeitos na resistência aos processos degenerativos. Nutrition Review, 57, 3-6.

Bhat, Z. F. e Pathak, V. 2009. Effect of mung bean (Vigna radiate) on quality characteristics of oven roasted chicken seekh kababs. Fleisch wirtschaft International, 6: 58-60.

Bognar, A. 1998. Estudo comparativo da influência da fritura com outras técnicas de cozedura no valor nutritivo. *Grasas-Y-Aceites*. 49 (3/4): 250-260.

Boles, J. A. 1999. Processamento de carne: Restructured Meat. Associação Canadiana de Ciência da Carne (CMSA julho de 1999) pp. 12-14.

Breidenstein, B. C. 1982. Intermediate value beef products. National Livestock and Meat Board, Chicago.

Chidanandaiah, e Keshri, R.C. 2006. Grama de Bengala e farinha de arroz na mistura de massa sobre a qualidade de rissóis de carne de búfalo. *Indian Veterinary Journal,* 83(12):1092-1095.

Chidanandaiah, e Keshri, R.C. 2007. Efeito do revestimento de pectina e da grama de Bengala na qualidade dos hambúrgueres de carne de búfalo com cobertura. *Indian Veterinary Journal,* 84: 60-62.

Cunningham, F. E. 1989. Desenvolvimentos em produtos embalados. In: processing of poultry (ed. G. C. Mead) p.325. Elsevier Science pub. Ltd. Nova Iorque, EUA.

Cunningham, F. E. e Tiede, L. M. 1981. Influence of batter viscosity on breading of chicken drumsticks (Influência da viscosidade da massa na panificação de coxinhas de frango). *Journal of Food Science,* 46: 1950-11952.

Dawson, L. E. Zabik, M. e Sobel, N. 1962. Um revestimento comestível para a conservação da carne de aves de capoeira. *Poultry Science,* 41: 1640-1642.

Devatkal, S. e Mendiratta, S.K. (2001). Utilização de lactato de cálcio com géis de sal-fosfato e aliginatecálcio em rolos de carne de porco reestruturados. Meat Science. 58:371379.

Eastwood M.A. 1992. O efeito fisiológico da fibra alimentar: Uma atualização. Revisão Anual de Nutrição, 12, 19-35.

Egbert, W. R. Huffman, D. L. Chen, C. e Dylewski, D. P. 1991. Development of low- fat ground beef. Food Technology, 45(6): 64-73.

Elston, E. 1975. Porque é que o dedo de peixe está no topo do mercado. Fishing News International, 14, 30.

Erickson, M. C. 1992. Variação da composição lipídica e tocoferol em três estirpes de peixe-gato (*IctalurusIctalurus punctatus*). *Journal of Science Food Agriculture*, 59(4): 529-536.

Evangelos, S. L. Aggelousis, G. Alexakis, e A. 1989. Composição metálica e proximal da porção comestível de 11 espécies de peixes de água doce. J.Food Comp. Anal, 2: 37-381.

Exler, J. Weihrauch, J. L. 1976. Comprehensive evaluation of fatty acids in foods (Avaliação abrangente dos ácidos gordos nos alimentos). Journal of American Diet Association, 69(4): 243-248.

FAO. 2009. Animal production year book, Organização das Nações Unidas para a Alimentação e a Agricultura, Roma.

Froehlich, D. A. Gullett, E. A. e Usborne, W. R. 1983. Effect of nitrite and Salt on the color, flavor and overall acceptability of ham. Journal of Food Science, 48: 152-154.

Gadekar, Y. P. Sharma, B. D. Shinde, A. K. e Mendiratta, S. K. 2015. Restructured meat products - production, processing and marketing: a review. The Indian Journal of Small Ruminants, 21(1): 1-12.

Gadekar, Y. P. Sharma, B. D. Shinde, A. K. e Mendiratta, S. K. 2012. Effectof processing conditions on quality of restructured goat meat product. The Indian Journal of small Ruminants, 19(2):182-186.

Gamble, M. H. e Rice, P. 1988. Effect of initial tuber solids content on final oil content of potato chips. *Lebensm-wiss. u. Technology.*21: 62-64.

Gamble, M. H. e Rice, P. e Salman, J. D. 1987. Relação entre a absorção de óleo e a perda de humidade durante a fritura de rodelas de batata de tubérculos C. V. record U. K. *International*

Journal of Food Sciences and Technology, 22: 233-235.

Gariépy, C. Delaquis, P. J. Robertson, M. e Leblanc, C. 1994. Efeito do nitrito na funcionalidade e estabilidade das pré-misturas de carne de porco desossada a quente e a frio. *Journal of Muscle Foods,* 5: 49-62.

Gillete, M. 1985. Efeito de sabor do cloreto de sódio. Tecnologia Alimentar, 39:47-52, 57.
Glicksman, M. 1982. Food hydrocolloids. Vol. III; 1983; Vol. II; 1982; Vol. I. Boca Raton, FL :CRC Press.

Guilbert, S. 1986. Tecnologia e aplicação de películas protectoras comestíveis, In: *Food Processing and Presrvation. Theory and practice,* (ed. M. Mathuloothi), p. 371. Elsevier Applied Science Publishing Co., Londres, Inglaterra.

Guilbert, S. Contard, N. e Gorris, L. G. 1996. Prolongamento do prazo de validade de produtos alimentares perecíveis utilizando películas e revestimentos biodegradáveis. *Lebenism-wissu Technology,* 29: 10-27

Gupta, S. Sharma, B.D. e Mendiratta, S.K. (2015) Avaliação das características de qualidade de blocos reestruturados de carne de galinha usada incorporados com farinha de aveia. Nutrition & Food Science, 45(5): 774-782.

Haard, N. F. 1995. Composição e valor nutritivo das proteínas de peixe e outros compostos azotados. In: Ruiter A, editor. Fish and Fishery Products: Composition, Nutritive Properties and Stability (Composição, Propriedades Nutritivas e Estabilidade). Guildford, U.K.: Biddles Ltd. p 77-115.

Hanson, H. L. e Fletcher, L. R. 1963. Adesão de revestimentos de frango frito congelado. *Food Technology Champaign,* 17: 793-794.

Harper, J. M. 1981. Extrusion of Foods, Vol. 2. CRC. Press, Inc., Boca Raton, FL.

Harris, N. E. e Lee, F. 1974. Composição de revestimento de alimentos e método para melhorar a textura de alimentos cozinhados. Patentes dos EUA, 742-794.

Harvard, C. e Harmony, M. X. 1869. Processo melhorado de conservação de carne, aves, peixe, etc. Patente dos EUA n.º 90, 944.

Herdenburg, R. E. 1967. Cera e revestimentos afins para produtos hortícolas. A bibliography. Agricultural research service bulletin-51-15, United States Department of Agriculture, Washington, DC.

Ho, M. Maple, C. Bancroft, A. McLaren, M. e Belch, J. J. F. 1999. The beneficial effects of omega-3 and omega-6 essential fatty acid supplementation on red blood cell rheology. Prostaglandins Leukot. Essent Fatty Acids, 61(1): 13-17.

Horrocks, L. A. e Yeo, Y. K. 1999. Health benefits of docosahexaenoic acid (DHA). Pharmacol Res, 40(3): 211-225.

Hsia, H. V. Smith, D. M. e Steffe, J. F. 1992. Propriedades reológicas e características de adesão de massas de farinha para nuggets de frango afectadas por três hidrocolóides. *Journal of Food Science,* 57(1): 16-19.

Hustard, G. O. Cerveny, J. G. Trenk, H. Deibel, R. H. Kautter, D. A. Fazio, T. Johnston, R. W. e Kolari, O. E. 1973. Effect of sodium nitrite and sodium nitrate on botulinal toxin production and nitrosamine formation in wieners. Applied Microbiology. 26: 22-26.

Jessup, L. 1981. O seu menor custo de "valor acrescentado". *Quick frozen foods,* 44(4): 70-72.

Kanner, J. Harel, S. e Jaffe, R. 1991. Peroxidação lipídica do alimento muscular afetada pelo NaCl. Journal of Agriculture and Food Chemistry, 39: 1017-1021.

Kaplan, H. J. 1986. Lavagem, enceramento e adição de cor. Em "Fresh Citrus Fruits", ed. W. F. Wardowski, S. Nagy e W. Girerson, pp. 379. W. F. Wardowski, S. Nagy e W. Girerson, pp. 379. AVI,

Westport, CT.

Keeton, J. T. 1994. Produtos de carne com baixo teor de gordura - Problemas tecnológicos de processamento.

Ciências da Carne, 36: 261-276.

Keller, J. 1984. "Sodium carboxymethylcellulose (CMC)" in Gum Starch and Technology, 18th Annual Symposium, D. L. Dowing, ed., New York: Cornell University, Institute of Food Science, pp. 9-19.

Krull, L. H. e Inglet, G. E. 1971. Industrial use of gluten. *Cereal Science today*, 16(8): 232-234.

Landes, D. R. e Blacksher, C. D. 1971. The effect of different cooking oil on flavor and color of fried chicken breading material. *Poultry Science,* 50: 894-897.

Libby, L. L. 1963. Alimentos congelados preparados para cozedura e método de preparação dos mesmos. Patente dos E.U.A., 3:78, 172.

Love, B. E. e Godwin, T. L. 1974. Effect of cooking methods and browning temperature on yield of poultry parts. *Poultry Science,* 33: 1391-1398.

Lusas, E. W. e Rhee, K. C. 1987. Processamento por extrusão aplicado a snacks e cereais de pequeno-almoço. Ch.16.in :Cereals and leagumes in the Food Supply (eds - J Dupont and E.M osman). Iowa state university press, Ames, I. A, pp: 201.

Mac Donald, B. Gray, J. I., Kakuda, Y. e Lee, M. L. 1980. Papel do nitrito no sabor da carne curada: análise química. Journal of Food Science, 45: 889-892.

Mandigo, R. W. 1988. Carnes reestruturadas. In: R. Lawrie (Ed.), Developments in Meat Science - 4. Elsevier Science Publication, Londres, Reino Unido, pp 297-315.

Mansur, E. H. e Khalil, A. H. 1997. Características do hambúrguer de carne de vaca com baixo teor de gordura influenciadas por vários tipos de fibras de trigo. Food Research International, 30(3/4):

199-205.

Mason, D. F. 1969. 14th outubro, *U. S. Patent* 3, 472,662.

Mathew, T. 1992. Estudos sobre o processamento de pedaços de carne de búfalo curada e fumada. Tese de mestrado apresentada ao IVRI, Izatnagar, UP, Índia.

Matz, S. A. 1993. In: Snack Food Technology, 3rd ed., Van Nortrand Reinhold, York. Van Nortrand Reinhold, Nova Iorque.

McWatters, K. H. 1990. Propriedades funcionais das farinhas de feijão-frade nos alimentos. JAOCS, 42: 272-275.

Mendiratta, S.K. Anjaneyulu, A.S.R. Devatkal, S. Chauhan, G. e Lakshmanan, V. 2002. Preparação de rolos de carne de búfalo reestruturados utilizando fosfato de cálcio. Journal of Food Science and Technology. 39:534-536.

MFPI. 2005. Um relatório sobre a indústria de transformação alimentar indiana. Relatório anual da indústria de transformação de alimentos da Índia.

Mital, P. e Lawrie, R. A. 1984. Estudos de extrusão de misturas contendo certos

carne. Ciência da Carne, 16:145-145.
Modi, V. K. Mahendrakar, N. S. Narasimha, D. R. e Sachindra, N. M. 2003. Quality of buffalo meat burger containing legume flours as binders. Meat Science, 66:143-14.

Mohamed, S. Abd-Hamid, N. e Abdul, H. M. 1998. Componentes alimentares que afectam a absorção de óleo e a crocância da massa frita. *Journal of the Science of Food and Agriculture,* 78(1): 39-45.

Morgan, B. H. 1971. Atualização das embalagens comestíveis. *Food Product Development,* 5: 75-77.

Neil, J. S. 1996. Fish consumption, fish oil, lipids, and coronary heart disease, Circulation, 94: 2337-

2340.

Nestel, P. J. N. 2000. Fish oil and cardiovascular disease: lipids and arterial function. American Journal of Clinical Nutrition, 71: 228-231.

Nisperos-Carriedo, M. O. Shaw, P. E. e Baldwin, E. A. 1990. Changes in volatile flavour components of pineapples, orange juice as influenced by the application of lipid and composite coatings. *Journal of Agricultural Food Chemistry,* 38(6): 1382-1387.

Park, G. B. Lee, H. G. Kim, Y. J. Park, T. S. e Lee, J. I. 1994. Effect of sodium nitrite levels and curing temperatures on preservation and production of anti hygienic chemical in cured pork. Jornal Coreano de Ciência Animal, 36(30):

330-339.
Park, H. J. e Chinnan, M. S. 1990. Propriedades de revestimentos comestíveis para frutas e legumes. ASSASE paper no.96510. St. Joseph, MI.

Parveez Ahmad Para, Sunil Kumar, Nisar Ahmad Nisar, Waseem Hussain Raja (2015) propriedades físico-químicas e atributos sensoriais de nuggets de frango revestidos com farinha de ervilha em diferentes concentrações. Animal Science Reporter. (Volume 9, n.º 4, 149-155)

Parveez Ahmad Para, Sunil Kumar, Raheeqa Razvi e Subha Ganguly(2017). Avaliação da farinha de feijão preto como material de revestimento nas características de qualidade dos nuggets de frango (Ref CARI/IJPS/MSID/76/2016) (provavelmente a ser publicado no Indian Journal of Poultry Science, edição de junho de 2017).

Parveez Ahmad Para, Sunil Kumar, Waseem Hussain Raja, Z. F Bhat e Arvind Kumar (2015). Efeito da farinha de grama verde como material de revestimento nas características de qualidade dos nuggets de frango contendo um nível ótimo de polpa de papaia. J.Meat Sci., 11(1) : 50 - 53.

Prinyawiwatkul, W. McWatters, K. H. Beuchat, L. R. e Phillips, R. D .1997. Propriedades físico-químicas e sensoriais de nuggets de frango estendidos com farinhas fermentadas de feijão-frade e amendoim. Journal of Agricultural and Food Chemistry, 45: 1891-1999.

Raharjo, S. Dexter, D. R. Worfel, R. C. Sofos, J. N. Solomon, M. B. Shults, G. W. e Schmidt, G. R. 1994. Reestruturação de bifes de vitela com sal/fosfato e alginato de sódio/lactato de cálcio. Journal of Food Science, 59: 471-473.

Resurreccion, A.V.A. (1998). Consumer sensory testing for product development. MD: Aspen Publishers.

Resurreccion, A.V.A. (2003). Aspectos sensoriais das escolhas dos consumidores de carne e produtos cárneos. Ciência da Carne, 66: 11-20

Reza, S. G., Thorkelsson, Rafipour e Sigursgistadottir. 2011. Qualidade e armazenamento de snacks de milho tufado extrudido durante 6 meses de armazenamento à temperatura ambiente. Journal of the science of Food and Agriculture, 91: 886-893.

Rubin, L. J. 1977. Nitritos e nitrosaminas em perspetiva. Jornal do Instituto Canadiano de Ciência e Tecnologia Alimentar. 10: A11-A13.

Sanderson, G. R. 1981. "Polysaccharides in foods", *Food Technology,* 35(7): 50-57.

Sato, K. e Hegarty, G. R. 1971. Sabor a quente em carne cozinhada. Journal of Food Science, 36: 1098-1102.

Seideman, S. C. e Durland, P. R. 1983. Vacuum packaging of fresh beef - A review. Journal of Food Quality, 6: 29-47.

Serdarouglu, M. e Degirmencioglu, O. 2004. Effect of fat level (5, 10 and 20%) and corn flour (0, 2 and 4%) on some properties of Turkish type meat balls (koefte). Meat Science, 68(2): 291-296.

Sheard, P. R. e Jolley, P. D. 1988. Restructured and reformed meat products (Produtos de carne reestruturados e reformados). Food Technology, International Europe, pp. 129-132.

Shukla, T. P. 1994. Future snacks and snack food technology. Cereal Foods World, 39: 704-705.

Siaw, C. L. Idrus, A. Z. e Yu, S. Y. 1985. Tecnologia intermédia para a produção de crackers de peixe (Keropok). Jornal de Tecnologia Alimentar, 20: 17-21.

Simopoulos, A. P. 2002. Omega-3 fatty acids in inflammation and autoimmune diseases (Ácidos gordos ómega 3 na inflamação e doenças auto-imunes). Journal of American Collective Nutrition, 21(6): 495-505.

Sinclair, A. J. Begg, D. Mathai, M. e Weisinger, R. S. 2007. Ácidos gordos ómega 3 e o cérebro: revisão de estudos sobre a depressão. Asia Pacific Journal of Clinical Nutrition, 16: 391-397.

Smith, S. M. e Stow, J. R. 1984. O potencial do material de revestimento de éster de sacarose para melhorar as qualidades de armazenamento e vida útil das maçãs Coxs Orange Pipppin. *Ann. Appl. Biology,* 62(6): 996-998.

Sofos, J. N. e Busta, F. F. 1980. Alternativas à utilização do nitrito como agente antibotulínico. Food Technology, 34 (5): 244.

Suderman, D. R. 1979. Factores que afectam a adesão do revestimento à pele das aves. Ph.D.

Dissertação, Universidade Estatal do Kanas, Kanas, EUA
Suknark, K. Phillips, R. D. Mc Watters, K. H. 1998. Aceitação pelos consumidores americanos e asiáticos de snacks extrudidos de peixe e amendoim. Journal of Food Science, 63(4): 721-725.

Terrel, R. N. 1983. Reduzindo o teor de sódio da carne processada. Food Technology, 37:66-71.

Tettweiler, P. 1991. Snack foods worldwide. Food Technology, 45(2): 58

Thakur, S. e Saxena, D. C. 2000. Formulação de snacks extrudidos (mistura de cereais e pulsos à base de goma): otimização dos níveis de ingredientes utilizando a metodologia da superfície de resposta. Lebensmittel-Wissenschaftund-Technologie- Food Science and Technology, 33(5): 354-361.

Tharanathan, R.N. Mahadevamma, S. (2003). Grain legumes-A boon to human nutrition. Trends in Food Science Technology, 14: 507-518.

Trout, G. R. e Schmidt, G. R. 1984. Effect of phosphate type and concentration, salt level and method of preparation on binding in restructured beef rolls. Journal of Food Science, 49: 687-694.

Tsai, S. J. Unklesbay, N. Unklesbay, K. e Clarke, A. 1998. Propriedades de absorção de água e de produtos de carne de bovino reestruturados com cinco aglutinantes a quatro temperaturas isotérmicas. LWT-Food Science Technology, 31: 78-83.

Tungland, B. C. e Meyer, D. 2002. No digestible oligo and polysaccharides (dietary fibre): their physiology and role in human health and food. Comprehensive Reviews in Food Science and Food Safety, 3: 73-92.

Vickers, Z. e Bourne, M. C. 1976. Crocância dos alimentos. A review. *Journal of Food Science*, 41: 1153-1156

Weinstock, C. P. 1989. O verdadeiro pastoreio da América: A guide to healthy snacking. FDA consumer, 23(2): 8-10.

Whistler, R. L. 1991. "Introduction of industrial short course", 18th Curso curto da AACC sobre química e tecnologia da goma, 6-8 de novembro de 1991, Chicago, IL.

Whistler, R. L. e Daniel, J. R. 1990. "Functions of polysachrides in foods", em food additives, A. L. Branen, P. M. Davidson e S. Salminen, eds., Newyork: Marcel Dekker, Inc., pp. 395-424.

Xue, J. e Ngadi, M. 2007. Propriedades reológicas de sistemas de massa contendo diferentes combinações de farinhas e hidrocolóides. *Journal of the Science of Food and Agriculture,* 87(7):

1292-1300.

Zenebe, T. Ahigren, G. e Boberg, M. 1998. Fatty acid content of some freshwater fish of commercial importance from tropical lakes in the Ethiopian rift valley. Journal Fish Biological, 53: 987-1005.

Printed by Books on Demand GmbH, Norderstedt / Germany